知识生产的原创基地

BASE FOR ORIGINAL CREATIVE CONTENT

全部生命系列

头脑的东西

[美] 杨定一 / 著

Mind-stuff

图书在版编目（CIP）数据

头脑的东西 /（美）杨定一著. — 北京：华龄出版社，2022.8

ISBN 978-7-5169-2268-2

Ⅰ. ①头… Ⅱ. ①杨… Ⅲ. ①神经心理学–通俗读物 Ⅳ. ① B845.1-49

中国版本图书馆 CIP 数据核字 (2022) 第 098366 号

北京市版权局著作权合同登记号 图字：01-2022-2802 号

策划编辑 颉腾文化

责任编辑 貌晓星 董 魏　　责任印制 李未圻

书　名 头脑的东西

作　者 [美]杨定一

出版发行 华龄出版社 HUALING PRESS

社　址 北京市东城区安定门外大街甲 57 号　　邮　编 100011

发　行 (010) 58122255　　传　真 (010) 84049572

承　印 文畅阁印刷有限公司

版　次 2022 年 8 月第 1 版　　印　次 2022 年 8 月第 1 次印刷

规　格 889mm × 1194mm　　开　本 1/32

印　张 7.25　　字　数 101 千字

书　号 978-7-5169-2268-2

定　价 69.00 元

序

“全部生命系列”走到这里，我本来认为可以告一段落，接下来，只要通过读书会的互动，再多做一点补充，也就差不多了。但是，经过这段时间，跟许多朋友接触，我发现有必要为大家再进一步巩固“全部生命”的理论架构，让它更落实而扎根到你我的生命中。

此外，有一个现象相当令我担心——许多朋友在谈话或提问时，自然会引用书里的一些话。一方面，好像真的认为这些话有什么重要性。从另外一个角度，我也感觉到他们最多是在表达一种理论上的理解，并不是真正领悟、体验更深层面的意义。

之前也提过，我这一生本来大可轻轻松松度过，只是看着世界运转，而跟世界一点都不相关。既不去干涉，也不需要造出风波。只是，到现在，我一再地体会到，自己的体验和认识，和外围人是完全颠倒的，才大胆地把自己的理解带出来。当然，心里也明白，就是我不讲出来，事实也是如此。

真实，本来就和世界是颠倒的。

我知道总有一天，也许几年、几十年、几百年甚或几千、几万年后，“全部生命系列”的理念会完全被验证。不过，这个验证不是通过理论或头脑的作业，也不是通过语言的表达来辩证。

真正的验证，是每一个人都可以从心中活出来。

看到大家用理论或头脑来接触“全部生命”的理念，我认为相当可惜。甚至，不小心，可能又让我造出一个跟真实、修行相关的系统，带来另一个层面的束缚，反而耽误了大家。我才有动机写《头脑的东西》（*Mind-stuff*）这本书。

“头脑的东西”这个标题要强调的，和每个人所想的，刚好又全部都是颠倒的。

简单讲，我们这一生所体会到、看到、听到、闻到、触摸到、感受到、经验到的——全都是头脑的产物，都是头脑的东西。

没有一样东西，可以被我们讲出来、想到的，不是头脑的产物。

我会选择“东西”这个词，来表达“我们在人间可能体验的一切”，是经过考量的。“东西”（thing or stuff）这个词，本身就落在一个物质的层面，如眼前的桌子、椅子、房门、人体，我们自然会称为“东西”——它们都够具体，可以用“客观”的角度来验证，是你我都可以联想、都可以谈、都可以想象的，而自然会让我们认为“存在”。

然而，我这本书想表达的是——就连看起来具体、客观的东西，本身还只是头脑的产物。包括世界、月亮、太阳、宇宙……全部都是头脑的东西，都是我们的头脑投射出来的。

其实，没有一样东西，不是头脑投射出来的。

换另外一个角度，也可以说——全部都是意识。全部，都是意识组合的。Every-thing is consciousness. 没有一样东西不是意识。There's no-thing that is not consciousness.

这一点，我相信是大家最难以理解的。头脑本身，也是我们最终的门槛，耽误我们彻底醒觉。

引言

我通过“全部生命系列”带出来许多观念，而这些观念，都跟我们所面对的生命现实直接相关。然而，许多朋友可能还是认为这些观念过于抽象，跟他个人的生活没有关系。也可能认为我只是清谈闲聊，和现实生活是脱离的。

经过这一系列的书，再加上音声作品与读书会视频的分享，我不断地表达“全部生命”观念的重要性。我常提到，要把生命的意义、方向、价值找回来，一个人首先要对自己充分了解，才有资格往下谈。

我也常用沙漠里的海市蜃楼作为比喻，来形容一个人好像在一个幻觉当中，非但不断投入这个幻觉，而且还非要从这个幻觉找到生命更深的层面。我们自然会忘记，在这个幻觉中，其实找不到答案。最多，只会愈陷愈深。

看着这个幻觉，本来明明知道每个人（包括自己）只是其中的一个演员，所演出来的幻觉，最多也只像一场电影。但是，最不可思议的是，不知不觉，你我自然把这个电影当作真的，完全投入进去，把自己等同于那个角色。

我过去不断地提醒，只要投入“全部生命系列”，通过练习或是更深层面的领悟，你这一生的生命会完全转变。而我相当有把握，这种转变会影响到生活的点点滴滴、每一个角落。表面上不相关，但这种领悟，可以成为你我最亲近的同伴，带我们走出人生的一条路。

这条路，远比我们想的更不可思议，更美。

《头脑的东西》跟前面作品的不同之处在于，我已经进入一个整合的阶段。假如前面的作品还在介绍“全部生命”是什么，我通过《头脑的东西》，最多是选取一个重点来切入全部生命的理念。希望为你我在更深的层面做一个汇总，成为个人生命的参考和对照。

我认为，从不同的层面来谈同一些重点，尤其必要。也只有这样子，这种彻底的领悟，可以落在我们每一个体，甚至每一个细胞，让我们全部的疑问和问题都得到彻底的解答。

只有把所有矛盾完全解开，你我才可能真正进入信仰。通过全面的信仰，自然进入全面的信心，可以自然把生命含有的一体、真正的自己找回来，而这个自己和小我的自己是不同的。

也只有这样子，我们才可能找到真正的老师，而发现这个老师一生都在等着你我，从来没有离开过我们。

就像我在“序”里提到的，mind-stuff“头脑的东西”是来强调一个悖论——你我眼前看到、体会到、感受到、体验到，可以用语言表达、用念头想出来的一切，全部都是头脑的东西或头脑的产物。就整体或一体而言，是不存在的。

这里所谈的“东西”，包括前面提过的你、我、其他的人、眼前的海獭、海鸟、植物、矿物、地方、世界、太阳、月亮、别的星球、星系、宇宙；甚至包括别的境界，如天堂、地狱；更包括任何观念、任何领域、任何哲学、任何理解、任何体验、任何奇迹……任何好像有一个真实可谈的一切。

凡是我们可以用语言表达的，包括任何“不可说”，都最多只是头脑的产物，或者头脑的东西。没有一个自足的存在（self-existing）来支持它，才会生，也会死。

假如谈到这里，你已经可以接受这个观念，我最多只能恭喜你。接下来，你会想知道，用什么方法将这个观念跟我们的生活整合。从另外一个角度来看，《头脑的东西》（*Mind-stuff*）这本书也可以称为“一个真实的新科学”。

但是，假如你读到这里，产生了质疑、不认同甚至不相信，我建议不要马上把这本书摆到旁边，认定它不符合事实。我希望，也许可以考虑给我这个机会，让我说服你——我们这一生从出生到现在所有体会到、所有懂的，全部都是脑的产物。不仅没有独立的存在性，还是你我全部痛苦和烦恼的根源。

看穿了任何东西，而随时可以臣服到真实——语言跟念头没办法表达的一切（所以，真实本身不是一个“东西”）——这本身，就是你我这一生来到这个世界的目的。

其他——任何追求、目标、意义，最多还只是头脑的东西。

目录

01

为什么现在？

Every-thing is mind-stuff. 一切，都是头脑的东西。

这句话，是我在“全部生命系列”一路不断重复的一个主题。

我相信，这反而可能是最难懂的，才会让我们大多数时候只把它当作一种抽象的观念来看，或者最多只是一个比喻。

虽然，从许多层面，我们好像听得懂。毕竟我们都知道，任何物质、样样东西，只要进一步观察和拆解，到最后都是空的。这是一个已经被证明了近百年的物理学事实。但是，我们还是会认为这个事实和每天的生活经验不吻合。

想想，我们走在大地上，好像被走的地面、走的人都很坚实，甚至还有一种触感的反馈，让我们不断体会到个体的存在（individuality）——你、我、其他人、东西、世界、地球、宇宙都有一个“单独的存在”。而这种存在，是相当具体的。不仅我们每一个人自己可以再三地体会，而且，人和人之间，甚至人类和动物之间，所体会到的都差不多，可以交叉验证，也就在不知不觉中建立一个集体的体验。这样的证据，是叫我们最难推翻的。我们每一个人自然不断地拿来告诉自己——“地球有七十亿人口，所有人都体会到自己和别人或别的东西有所区隔。那么，一切怎么可能只是头脑的东西？这种想法根本不正确，想不到还有人想推广这种观念。是不是他自己的错觉？还是有严重的妄想？”

有了这样的想法，我们又发现古代圣人一样不断地在重复同一点—— Everything is unreal. 每样东西都不是真实——当然也会认为，这些大圣人所想、所讲的，和自己的生活不相关。

有些朋友很虔诚、很用心，每个星期会固定抽出时间去静坐、去念佛，也可以在其中体会到一点宁静和平安。但是，时间一到，也自然认为一切到此为止，又该回到现实生活。心里默默地认为，接下来要面对的事情和烦恼，和领略到的宁静都不相关。最多只是抱着一种奢侈的希望，想试试看，能不能把在那里体会到的宁静和信心带到生活中。同样地，不知不觉认为圣人所讲的和自己的生活是两个不同的世界、两个不同的轨道，而且应该不会有交集。

此外，我们又活在一个步调很快的世界。随着科学和科技的进展，每个人都觉得自己快要跟不上这个时代的脚步。就连很年轻的孩子，都一样感受到这种压力。毕竟信息随手都可以取得，是读不完也学不完的。这样的现况带来一种无力感，也自然认为这些作品的理念更是遥不可及而不那么重要。想想，生活中的每一刻都是通过“动”活着，而且是被快步调的“动”给占满。“动”都来不及了，怎么还有时间宁静下来？

也就这样，什么叫宁静？很可能根本没有体验过。

我身为医师、科学家，首先自己就要面对这种挑战——知道这本书和“全部生命系列”所带来的重点，和人间的认识都是颠倒的，跟我们现在可以体会的，是彻彻底底颠倒。不仅是和我在医学与科学领域同侪的想法颠倒，更是与所有人的理解颠倒。

我鼓起很大的勇气出来，因为我知道从“全部生命系列”带出来的，才是真的。而我们在人间可以体验的一切，都是假的，或虚妄的。

我充满信心，这里所讲的一切，可能在百千万年后，都会证明出来。但是，不是通过我们现在所理解的“科学证明”来验证，而是每个人把自己当作实验的受试者，都可以体会到。我已经发现，许多朋友确实已经验证了我所讲的，而且，随着时间过去，这样的人，会愈来愈多。

我知道，这里所讲的一切都离不开我个人的体验。然而，我的体验最多也只是再次验证了过去全部大圣人所留下来的话。

我这次选择出来，扮演这个分享的角色，还有另外一个动机——过去和现在之间，有一个很大的知识的鸿沟。以往的几位大圣人，如佛陀、耶稣、老子、孔子、苏格拉底，他们留下来的话是直接反映个人的体验。接下来的两千年，后人反而宁愿守住一个最原始的想法，用过时的语言来表达。

到现在，我没有看到任何人用现代医学、自然科学、心理学、社会科学的语言做一个桥梁，来表达这些古老的分享，好让现代人可以充分理解。大部分人还是坚持使用古代的语言、道德甚至社会框架，来论述这再明白不过的真实。这种表达方式，也就好像在无形当中证实了大家心里的怀疑——果然这些智慧很遥远，和我们的生活不相关。

我才会选择通过“全部生命系列”，把全部古人的智慧，用我个人的体验，整合现代人类的各种知识领域。用这种方法，建立一个很完整的修行的基础。我认为，只有这样的基础，才会和个人的生活产生密切的关系，甚至可以影响人生任何一个阶段，任何一个角落——无论你我是在社会的边缘流浪、在端盘子、接电话、打扫环境卫生、担任司机、在生产线上工作、在建筑工地忙碌、当公务员、写程序、规划工程、开发产品、科学研究、经营企业、会计稽核、艺术创作、读书进修、教学、美术设计、音乐戏剧表现、医疗护理、慈善公益、服务大众甚至闭关专修，都一样适用于生活。

我才敢说“全部生命系列”所带来的理念和练习，不光是最有效的心理疗愈，还是彻底转变人生最直接的方法。不仅可以使用，而且在每一个角落都可以运用，跟人生的任何领域都分不开，也自然让我们做到最好。但是，我在这里所讲的“最好”跟头脑、人间想的，可能不一样。

关于语言，我还有另外一个考量。

我认为人类有史以来，经过了也许几万年的演化，从来没有过这么发达的头脑。人类是那么“聪明”，无论是科技的进展，乃至沟通的层面，特别是语言表达的丰富与细腻，已经进入了一种极致的阶段。现代人不仅可以把样样都说清楚，而且样样还可以通过多种媒介来表达。我们的五官随时都受到信息的喂养，这非但是古人从未体会过的，连我们的父母辈甚或几年前的自己都会发现，这方面的转变是爆发性的展开。

我才有信心分享一套完整的系统，这是古人做不到的。一是当时没有这种语言的工具，此外，也没有这么聪明的听众。我所做的，也只是试着把个人的体验转变成一种具体的语言，让现代人通过头脑完全可以理解。尽管这样的解说可能出现矛盾，但是，这些矛盾，是通过理论再加上练习可以消失的。我才会认为，这时候做这样的“反复工程”是最好的时机。

接下来，通过这种表达的方式，我很有把握可以建立一个修行或生命的科学。我不敢说它能作为未来人类的指南针，但至少可以当作一个重要的参考基准。不只是为许多人带来一个活这一生的全新方式，而且还是一个彻底的整顿。

这三十多年来，我有机会接触许多物理学家和数学家，也自然发现用他们的语言，特别容易让他们听懂“全部生命系列”想表达的。不知不觉，通过这些互动，让我建立起一套自己的说明系统。当然，这些专家还是国外的居多。在国内当然也有几位相当优秀的同侪，只是因为他们还在某些机构扮演重要的角色，我不方便指出姓名。最多只能感谢他们很有耐心地与我互动，让我知道自己的论述还有哪些地方需要补强。

回到主题，你可能认为有一部分内容已经在前面的作品中提过了，但我还是希望你能耐心读下去，你会发现，现在的切入点和以前已经不同。

我用下图的单摆，来表达每个作品在意识谱（spectrum of consciousness）中的相对位置。左边代表的是“有”或“思考”、“动”、物质的层次，而最右边是一个“在”、不动、一体、心、空的观念。仔细体会“全部生命系列”的作品，《真原医》可以说是在意识谱的最左边。我先把一套妥当的词汇建立起来，才通过接下来的作品，一步一步带着你我往右边摆动，希望进入“在”的状态。

“在”，是我们最根本的状态，过去也有人称为 *turiya* 或顿悟，在意识的层面就是空或一体。假如用能量来讲，它本身是零能量点的观念（zero point energy）。其实，连这个名称都不正确。“零能量点”还是含着一种东西或物质的观念，一样会让我们进入不同能量状态的对照。

对我，零能量点是含着全部潜能，包括能量的潜能，但同时又是一个绝对的观念。也就好像全部能量还没有凝聚成形之前，有一个潜能存在，而它本身却没办法用任何物理的观念来表达。

这表面上好像是矛盾的，但是，对当代的物理和数学家而言，这些话是完全合理的。

接下来，看我这一生能不能把你我带到意识谱的最右边，不费力地进入一体。人类整体也就自然完成这一生最大的一个反复工程。

站在意识谱的角度来谈，其实这本书——《头脑的东西》——和之前《全部的你》《神圣的你》《不合理的快乐》相比，已经落在相当右边的位置。只有你之前已经有过这些基础，才可能理解这本书所想表达的。从用字遣词来说，当然会重复。但是，走到这里，切入点已经完全不同。

我希望通过这本书，能让你对照自己的理解，甚至对比自己这一生全部的价值观念，看看可不可以让我们一起从人生中走出来。

虽然我把“全部生命系列”当作“这一生最大的一个反复工程”，其实讲“反复工程”最多也只是比喻。走到最后，哪里来的什么工程？什么工程，都没有。

所以，就连“反复工程”最多也只能算是头脑的东西。

02

是什么，让世界这么真？

我们虽然知道这个世界是虚构的，但是，为什么还是会让它随时把我们带走？

即使花了这么多篇幅来解释“人类对现实的认识离不开五官的运作，而五官最多只是对信息进行截取、比较，再加上头脑的整合，于是我们所认为的现实，最多也只是信息的建立、信息的延伸，也就是信息的总和”，我相信头脑虽然可以懂，而且知道最多只是反映物理或神经生物学早就有的概念，但我们还是会抱着很深的质疑，认为跟自己的生活体验并不一致。甚至，不一致到一个地步，读过这些，把书合上，也就忘记了。

我在这里，想用另外一个层面的说法，看可不可以对这个题目再次深入。

首先我借用《定》中提到的，我们认知的世界，离不开三个点不断的比较。也就是有一个中心 A 再观察眼前的 B 和 C，不光是不断在衡量 B 和 C，还要衡量 B 和 A、C 和 A 的关系，来产生一个意义。而这个意义，最多是对 A 有意义。假如只是 B 和 C 之间不断地比较，没有这第三个点来充当基准，其实得不出什么意义来。

再讲具体一点，假如 B 是一座城市，C 是另一座城市，$\overline{BA}$ 是 B 和 A 之间的距离，$\overline{CA}$ 是 C 和 A 之间的距离，$\overline{BC}$ 是 B 和 C 之间的距离。通过 $\overline{BA}$ 和 $\overline{CA}$ 两个距离的比较，我们才可以得出结论：B 比 C 更近。距离谁更近？当然，是距离 A 更近。这个“近”，也是从 A 的角度来看的。

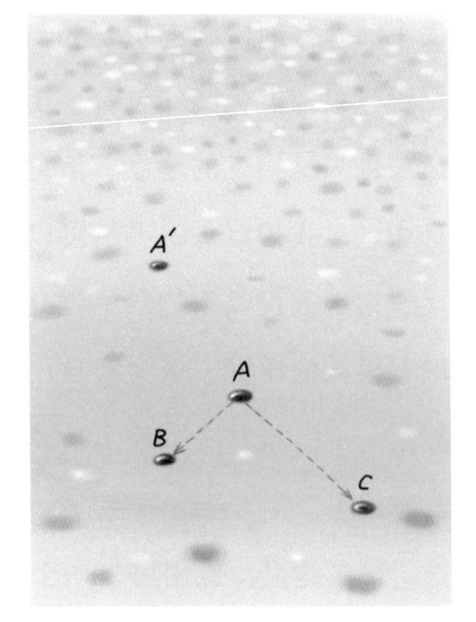

这里，只用眼睛的观察作为例子。然而，其他感官也可以用同样的道理来得到比较。例如，从 *A* 听起来，来自 *B* 的声音比较大或小，从 *A* 所闻到的，来自 *B* 的气味比较强或弱……我们有五个感官（其实不只五个，就在细胞的层面还有好多捕捉各种信息的受体）可以互相对照、验证。不光看到 *B* 比 *C* 离 *A* 更近，我们还可以听到来自 *B* 的声音比 *C* 更清晰。接下来，还可以通过嗅觉等种种感触，来确认其他感官所得到的信息。

我在这里想表达的重点是，所有这些信息，都和 *A* 这个参考点不断建立关系。这样一来，*A* 自然变成对照全部信息的中心。*A* 也就成为“我”。接下来，自然是通过“我”（*A*）在看见、听到、嗅闻、触碰、体会这个世界。最不可思议的是，也就这样不知不觉建立了一个 *A* 的世界。

现在，假如有第二个人 *A'* 用同样的机制，观察 *B* 和 *C*，同样地，会建立起一个 *A'* 的世界。不光他们建立的世界是不同的，*A'* 和 *A* 也会认为彼此是不同的个体。假如还有一只动物通过它的感官，也在建立自己的个体性，自然也会认为自己跟 A 、A' 是不同的个体，A 和 A' 也会认为自己跟它不同。

这样重复的比较没有中止过，一天下来，通过五官可能发生不知多少次。经过几万次的重复，自然把 A 凝固下来。而且，通过皮肤表面的感触，从一个点扩大成一个身体的大小，让我们认为自己真正是一个“体”。

也就这样子，一个虚构的东西——最多只是信息，加上信息，再加上更多的信息——也就自然变得很坚固。

最难以想象的是，我们通过这每一个小小的信息中心（“我”），不光认为自己有一个个体性，而对自己还可以做一个投射，进一步得到一种特殊的自我形象——认为自己长得高或矮、是男、是女、是聪明、是愚笨、是大方、是小家子气、是可爱、是不惹人喜欢……也就继续不断强化自己的个体性。

这种观察的过程，从时间的角度来看，发生的既快速又敏捷。我们一般体会不到其中的机制，也意识不到自己所观察的其实只是感官的信息，本身并没有什么实质。我们以为是真实的现实，不过是五官再加上念头对各种信息做一个过滤，然后变成可以被我们理解的数据。

当然，有些东西我们看不到。头脑也会发展出诸如“超感官知觉 ESP”或“神通”等概念，来表达五官看不到但好像在更深层面能体会到的现象。然而，即使做了这样的区分，仿佛这些更微细的现象在另一个层面真的存在，其实一样是信息。再微细也还是离不开头脑的组合，只是通过更深的感官来截取信息。

我们所认为的语言和建立的用词与词汇，最多也只是表达一种局限，只是描述或肯定一种逻辑所带来的范围。

不只如此，情绪本来最多也只是一种工具，担任头脑和每一个器官和细胞的桥梁。然而，我们人和动物不一样，不只在演化的过程中把眼前的状况区分成好、坏、中性，还会把自己的情绪状态变成一种具体的现实。我们可以表达自己今天舒服、不舒服、快乐、不快乐、受了创伤、被侮辱、感到失落、忍不住地兴奋、得到荣耀……一连串生命的故事也就出来了。我们在一个已经是虚拟的现实里，再造出一个更微细的虚拟空间，而且还认为这些虚拟的现实就是再真实不过的存在。

但同时，假如有人提醒我们，一步步去拆解所有的现实和现象，我们也自然会发现——到最后，什么都没有。甚至，连称它们是一种能量状态都不正确。因为，就连这所谓的“能量状态”也没有根源，没有禁得起验证的实质。就好像一个人在沙漠里见到了海市蜃楼，里头的人、骆驼、沙子都是那么地坚实。但是，只要他仔细去追查，这些坚实的画面，其实都不存在。他从这个妄想里清醒过来，也就发现一切都不见了

我们每天晚上睡觉，也是一样的。睡着了，很多梦很具体，情节有头有尾，就像真的发生，真的遭遇过。但是，一醒过来，我们也知道刚刚所经历到的是梦，不会去认真追究梦的内容是真、是假或有没有什么意义。甚至有时候，我们只是知道好像做了一个梦，但具体内容也不记得了。

相较之下，我们对白天所谓“清醒”的状态，反

而很难看穿这些妄想。因为我们的逻辑是通过线性的因－果组合出来的—— *B* 和 *C* 建立起一个关系。接下来，不光是 *B* 和 *C* 之间的关系确立了，从 *A* 来看，*C* 和 *A*、*B* 和 *A* 全部的关系也都建立了起来，甚至其他更多的点（*D*、*E*、*F*……）都互相生成看起来有因有果的关系。每一个点，不光跟 *A* 产生关系，在这过程中，还造出了一个个顺序、联结和阶层，把所有点和点之间的关系全部建立起来了。

这是理所当然的，脑的运作架构（或限制）让我们可以得到信息。无形当中，我们（也就是 *A*）自然会认为眼前所看到的，全部都有一个起因。样样都受制于另外一个东西，而同时也去制约下一个东西。在这样的关联里,没有一个东西,是可以真正独立存在的。

我们一般想不到的是，头脑既是一个过滤器，又是一个扩大器，就像第 20 页图中的棱镜一样。它就是有这个本事，把全部的真实落在一个小范围里，又把这个小范围扩得很大。通过五官的反馈，让这个被放大的小范围变得再真实不过。因为在这个范围在运作，让我们随时认为这个范围是全部的可能，而自然

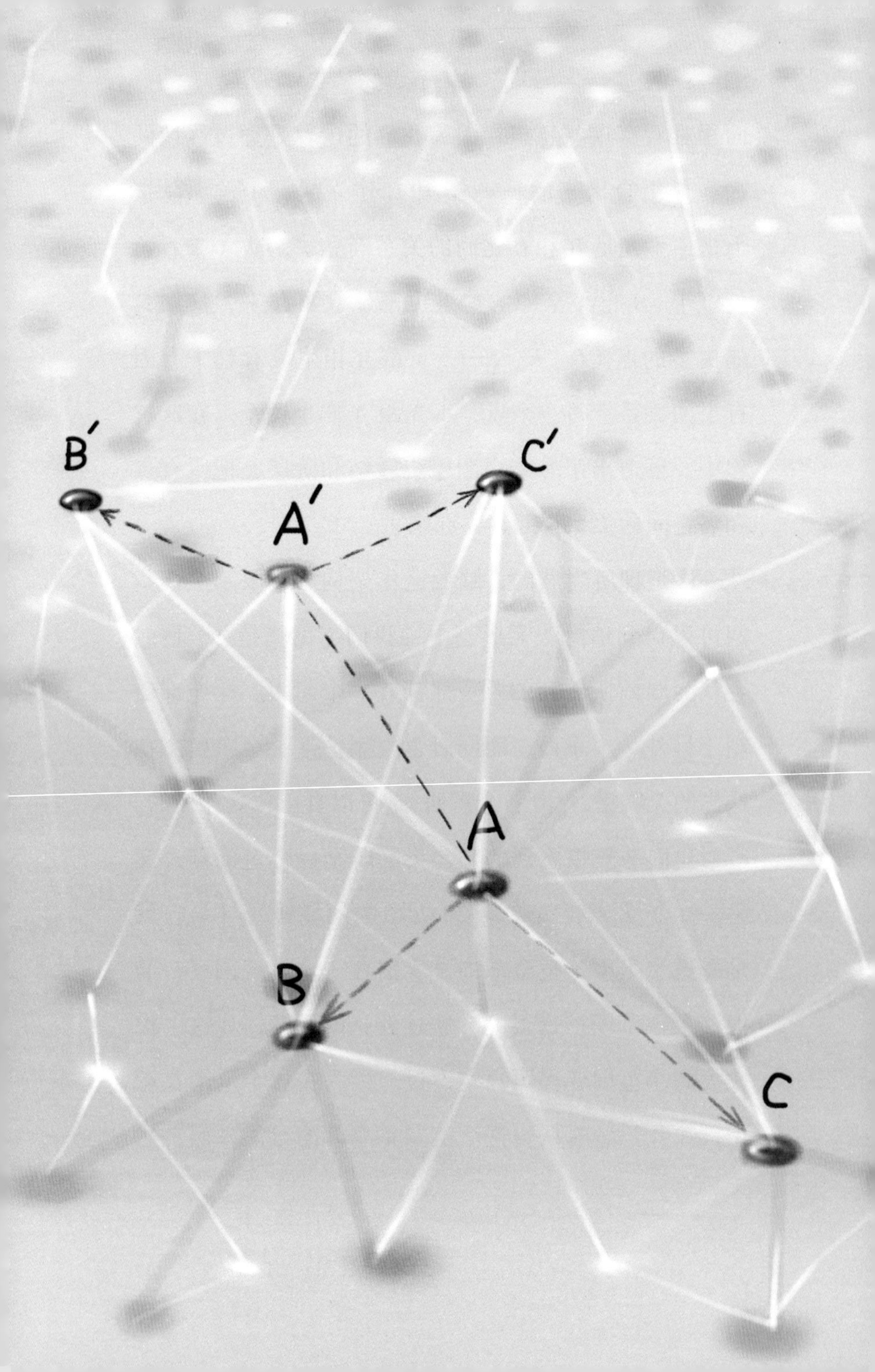
B′
C′
A′
A
B
C

让我们忘记五官的根源是从哪里来的。任何限制、局限世界之前的根源，又是什么？

这之间的联结，也自然形成时间的观念。假如我们全部的意识只停留在同一个空间，就不可能有“动”的观念。任何东西，对我们都会是静态的，没有联结或意义好谈。

“我”就是这么成立的，我们仔细观察，自己的所有觉察、注意力和行动最多都是在保护、强化小我，都不断在建立“我”的存在。也就这样子，我们自然制造了一个“我”的世界。

再进一步观察，动物也是如此，也是站在它的身体觉察、衡量一切，一样是在强化自己的存在。但是，跟人类很不一样的是，动物联想的能力和记忆的容量有限，它没办法把每一个瞬间联结起来。比起人类，动物还比较可以活出自在（spontaneity）——在每个瞬间，单单纯纯达到“我”的需要，如吃别的动物、喝水、睡觉、繁衍后代。它虚拟的现实比较有限。虽然通过五官再加上头脑的排列组合一样建立一个世界，但是动物头脑的作业受限，反应也就比较直接，

是跟着环境的变化和需要在演变。

我们很难想象，假如没有头脑，我们还可不可能生存或运作，或者反过来，我们是不是就像动物一样，吃饱、睡了，接下来最多只是在发呆。

我在前面的作品中，已经一再地说明，没有头脑的主导，我们不光可以运作，还可以运作得更好。我还用“心流”来描述这个生命的力量。但是，我相信你可能还是在怀疑，认为是不可能的。

然而，这一点，不仅是可能，而且我们其实既不费力又轻松，就可以超越头脑所带来的全部限制。

首先，我们要承认，最大的限制，就是头脑投射出来的“我”——我所制造出来的隔离、区别、个体化。假如没有这个“我”，我们自然会发现只剩下无我的一体。除了一体，其实没有其他的体可谈。但是，我们被这个小我的机制随时吸引住，而且吸引得太彻底，也就随时被它绑住。

也就这样子，从早到晚，让我们不光随时投入一个虚拟的世界，还认为这个世界是我们全部的可能。

03 人的聪明，可以制造一个虚拟的美丽世界

最有意思的是，人类后来会用两个词——演绎（deductive/inferential reasoning）和归纳（inductive reasoning）来总结并分类人的逻辑，也就是讲究人类为什么会有推理的能力。

我相信每个人读到演绎和归纳这两个词，马上对“归纳”就觉得有一种熟悉感，但对演绎或许感觉比较陌生。然而，演绎和归纳这两个观念，其实是很容易懂的，也是我们随时都在用的，只是我们一般不会对自己的思考去特别分辨，还把其中的不同指出来。

我们仔细观察，演绎的推理，是一种在封闭系统内有效的逻辑。通过一点一滴的推演，从一个点，可以预测到下一个点。点点滴滴都有紧密的联结，样样

都符合一个道理。（Every-thing makes sense.）点和点之间，都存在着因—果关系。我们只要拥有足够的资料点，符合有效的演绎规则，就可以预测下一个点长什么样子，或者在哪里出现。

演绎，我们也可以把它当作一种预测的聪明。例如，眼前有一只小蚂蚁，顶着一片草，慢吞吞走着。这个画面落到眼前，我们不仅马上知道有小蚂蚁、有草、有走，通过逻辑，我们还能判定出小蚂蚁要走的方向和走多快。加上这片草的大小和重量，我们还可以得出小蚂蚁能扛多重。接下来，还会为它规划，可以去捡多远的草叶。

这种逻辑，我过去也称为左脑的逻辑，本身带来时—空的观念。之前，我在《静坐》和其他作品中也用了相当多的篇幅来谈。

有意思的是，演绎的聪明不仅可以在同一个层面进行联结，还有本事跨越不同的层面。就像通过念头做整合，随时从单一层面的线性逻辑分岔到别的层面，以建立一个虚拟的空间。

举例来说，五官本来是各自独立的作业，然而通过思考，我们随时可以从一个感官跳到另一个，甚至可以随时采用不同的路径，就好像因—果的联结可以分歧。

例如，我们看恐怖片，眼前的画面带来恐惧感。不知不觉，通过音效，进一步让我们感觉更逼真，甚至扩大我们的恐惧。我们很自然从感官看的范围，滑到一个听的范围，两个感官突然可以互相加成或抵消。我们的头脑随时都在忙着做演绎，从中取得意义，也就自然忘记眼前是一场电影，而让任何现象都变得再真实不过。光是坐在电影院里，我们也许就手脚发凉，还隐隐地冒着冷汗。

我在《不合理的快乐》中用过一个网络图，也可以解释这种不同层面的联结。但是，无论再怎么分歧，再怎么复杂，本身还是在一套封闭系统内作用。就整体而言，它还是小的不成比例的一套逻辑。

另外一种逻辑，也就是归纳。归纳不是一步步依顺序的推理，而是从各方面的信息整合出一个结论或规则。和演绎相比，归纳是开放的，从一个个特例，可以整理出各式各样通用的结论或规则。虽然如此，归纳最多也还只能说是一种跨领域的逻辑，一样离不开二元对立相对的范围。

再回到小蚂蚁的例子，我们突然发现不只是这只小蚂蚁，前前后后还有好多好多的蚂蚁，每只蚂蚁都朝向同一个点前进。我们通过归纳的逻辑，自然体会到“喔！原来蚂蚁在做窝。”这时，再往四周看看，附近还有好几个蚂蚁窝，只是原本没有注意到。我们忍不住会担心这个地方是不是要被蚂蚁占领了，离房子还有多远，会不会咬到经过的小孩子。我们从眼前的小蚂蚁，突然跳出小蚂蚁的世界，想要掌控更完整的全貌。

当然，我们认为更全面的这种归纳，其实还是离不开连贯的逻辑和记忆，一样是通过这种方法来整合的。我们可以采用的，不只五个感官，还可以包括其他层面的知觉。

更深层面的整合，我们通常称为灵感或 ESP。但就连 ESP 这类运用五官之外的感知去捕捉的灵感，从我的角度来看，一样离不开头脑相对的范围。它最多也只是表达——我们从一个小小局限的脑，还是可以把意识扩大，打破好多自己带来的制约和边界条件。但是，这一切，本身还是在一个“有”的范围。

通常，我们比较不会去接受从这方面得到的认知，因为我们会认为自己看不清楚它的灵感是从哪里来的，而头脑自然会设定另一套逻辑来解释瞬间得到的灵感。对头脑，样样的联结（因—果）是一个必要的经过，让头脑可以接受。假如突然有一个不知道哪里来的灵感，或者跳出这个因—果的框架，本身会带给“我”一种威胁，让它感到不安全。毕竟，头脑的机制是通过这种联结，才可以运作的。没有联结，也就好像随时可以让头脑的运作崩溃，这是头脑不可能允许的。

我必须强调——人类和其他动物、众生不同，最多只是在相对的逻辑上可以做区隔。人类分别比较的能力特别强，再通过记忆，可以产生一个完整的时—空观念。这种观念，在地球上没有另外一种生命比我们更发达。

不过，这种聪明最多只是一种相对或局限的聪明，需要把整体切割成很小的部分。把全部的聪明，都集中在这区隔的小小部分（我们称为人间），自然让我们得到一种印象，认为人类可以完全统领其他的众生，称霸这个世界，甚至还要改变这个地球，改变人间的经过。无论从个人的生命，或者从集体来看，我们都会认为通过自己的规划，可以找到意义或更好的出路。

也就这样子，通过演绎和归纳的逻辑，人类很自然地，不只是把一个虚构的现实变得坚固，还进一步否定有一个绝对、永恒的部分。

我们仔细观察，全部其他的众生，不只是动物或植物，包括矿物，其实都有意识。只是这个意识，和人类通过二元对立所建立的演绎和归纳的逻辑不同。这个意识，是绝对、永恒、无限大的一体意识。全部的生命，都是代表一体，而都是一体延伸出来的。这个绝对、永恒、无限的意识，我们当然也有。只是人类有一个很强的逻辑的脑，好像把它盖住了。用第 1 章的比喻，我们人其实是意识谱的组合。然而，我们的注意力完全落在感官所建立的一个小的封闭、局限、相对的范围。

醒觉，最多也只是彻底领悟到这些，而轻轻松松选择把注意力放在整体，也就是头脑和感官之前的源头。这时候，头脑和感官还是可以运作，但是它已经不再变成我们唯一的选择，唯一的可能。

这个完整的意识谱，我们本来就有，过去最多只是不知道。因此才会说醒觉和五官、头脑、相对可以学到、可以体会到的，一点关系都没有。它是我们的本质，是我们这一生还没有来之前就已经有。就是走了，它还是有。

04
让我再一次试着用电脑来比喻

Every-thing can only be mind-stuff. 一切，只能是头脑的东西。

你可能发现，我对第1章中的“Every-thing is mind-stuff. 一切，都是头脑的东西。”这句话还没有详细说明，就已经更进一步肯定了这个论点——不只样样都是头脑的东西，而且，只可能是头脑的东西。

这几句话，最多也只是在表达，我们所认为或建立的真实，全部都离不开头脑，都是头脑的运作或产物。不光我们眼前全部经过、体验的烦恼、纠纷、失落、价值、意义，全部都是头脑延伸出来的。就连我们看到而认为是具体、客观、物质性的事实，都一样是头脑的延伸。

也许你读到这里，还是不以为然。没关系，科学家最喜欢做实验，就让我们把这本书当作一个实验，用自己最直接的体会去实验看看——如果事实真的是如此，那么，我们对生命的认识会有什么变化？

借用计算机的语言，我们每个人的头脑都像一个小终端机，在一个封闭的网络系统里运作。表面看起来是独立作业，但所有的小终端机，都离不开一个中央主机（mainframe）。这个主机，也可以说是一个“共同的脑”（universal mind），是每个人通过网络都可以进入的。我们都离不开它，而且都是这共同的脑的一部分。

也就好像我们在地球生存，当然离不开世界，而世界离不开宇宙。从我们的逻辑，自然会认为，有这个宇宙才有世界，而有了世界才有我们。甚至，假如没有宇宙，也就没有世界。没有世界，当然也就没有我们。我们进一步，还会从生物的角度来讲，认为是先有种种的动物，从中才衍生出来人类。从种种的人，才有“我”。而“我”在全人类之间，就像是这里所画的一台终端机。全人类或宇宙，可以当作这里所讲的中央的主机。

用主机这种比喻，来表达人类集体的聪明，就像图的左边所表达的架构，是我们一般人可以接受的。而且，也许你听到这个比喻，自然会想到《黑客帝国》（*Matrix*）这部电影。而心里会猜想，会不会跟这部电影所说一样，真实，其实是落在中央的主机、落在一台遥远的超级大计算机？然而，我在这里想表达的，又是颠倒——就连这个中央主机、共同的脑、人类集体的聪明，都还是从我们小的头脑投射出来的。

我们都没想过，就像前页图右边所表达的，所谓的中央主机，其实就是我们自己的头脑。再讲透彻一点，每个人的头脑不仅是终端，也是主机。并不是把我们的终端机去连接一个遥远的主机，而是反过来，我们不仅是主机，还可以投射出数不完的终端。这些终端，从我们头脑的运作，会认为好像每个都在单独作业都有个单独的个体。但我们只要去追察，自然会发现，每一个个体都是从终端化出来。

我们过去会用这种中央主机的比喻，而且会认为自己这个小终端还要去和一个遥远的主机连接，这种观念其实反映了人类对自己的制约和限制。我们认为自己在整体最多只是很渺小的一部分，而这个小部分还要受到整体或一个更大的中央主机的影响。

然而，我在这里要谈的刚好相反——我们每个人早就是完整的，老早就无所不能。

我们会认为每个终端都是分开的，是一个个的个体。但其实，每个终端都是同一个体，和整体从来没有离开过。是从每一个终端，延伸出整体。是通过终端建立的我，才自然有一个完整的宇宙、世界、人间可谈。

我才会说，It all starts with "Me" and it all ends with "Me". 一切是从“我”出发，而一切都回到“我”。是小我制造了一切，倒不是一切制造了“我”。这个因—果的关系，本身又是颠倒的。我这里所指的“一切”，最多还是头脑延伸出来的一切，是我们这一生可以体验的一切。

你看，这几句话是不是就把你吓到了。还是，你和“全部生命系列”一同走到这里，这些话其实已经符合你的领悟。

严格讲，连前面这些话也不完全正确。因为中央主机和终端都是信息的组合，不仅主机是虚的，终端也是虚拟的。并不是真的有一个中央的主机，更不用讲这些终端。而连这个颠倒的因—果关系，也不存在。最多，我只是拿来当作一个比喻，因为我们头脑还是需要抓住一点东西。但是，最后连这个比喻都要推翻。

沿用原本这个计算机和网络的比喻，我另外想表达的一个前提是：每个终端机，或者小小的头脑——你、我——其实没有一个起源，也没有一个终点。虽然它可以发挥主机的功能，却无法追溯自己的起源。即使不知道自己是怎么来的，设备里的所有零件还是可以重新组合成别的终端机。重新组合后，原本的计算机名称也就消失了，没有一个实质的存在。

你我当然可以去追溯眼前这个中央主机或各个角落的终端机是怎么来的，但永远追究不完，也永远追求不到。它本身并不存在，对整体来说，最多只是个临时的存有。我们去解释它，是多余的。我们最多是通过它，看可不可以找到进入中央主机的路径，甚至接触到这个中央主机以外的部分。

即使你还有质疑，认为还是有一个共同的脑、中央主机，或者不是样样都是虚构的，但我们无论把中央主机当作多大或多有威力，它还是在一个相对的范围。从这个中央主机要跳到无限大，还是跳不过去。

我们没想到，最多是把终端机本身或这一生带来的任何观念挪开，也就轻松地活出整体。而这个整体，是远远大于任何聪明或任何计算机可以推测的。

借用前面的比喻，我真正要表达的重点是：在这个共同的脑之外，还有一个更大的层面，是没办法用语言、文字来表达的。我们每个人，不光是它的一部分。但是，要注意，这个“部分”的观念或任何可以表达的联结和关系，本身一样是虚的。其实，可以说我们每个人就是它——这没办法表达出来的东西。

站在共同的脑后面的力量或意识，我们最多只能称为一体、空、全部——我们。

05

感官、外星人、相对、局限
——你都老早已经知道的

如果借用数学的语言，我们自然会用“相对”和“绝对”的比喻来表达这个主题。一般都认为，人类的聪明可以让自己跳出任何相对、局限的框架，想出无限多的可能和变化来描述自己的生命，甚至让自己感觉到可以在各种变化中自由选择。

但是，我们很少停下来想，再多变化，总数其实还是有限的。

我们头脑的架构，就是从各种边界条件（boundary condition）组合出来的。边界条件，是由数学和物理衍生来的观念。从数学的角度，一个定理的有效性最多只在它运作的范围内才成立。在这个范围之外，当然它本身没有什么意义。从物理的角度，每个东西都自然有一个边界，甚至，就连浩瀚的宇宙都有一个边界。只要在局限的范围里，不可能没有边界。然而，只要有边界，它本身是在边界的范围内运作，而受到边界的限制。

我常常举一个实例，假如拿一个火箭从地球发射出去，将路径设定成直线，而且这路径上没有任何阻碍，它走到最后，又会回到原点。当然，这最多是一个举例。是不是回到原点，其实没有任何人可以验证，但道理是正确的。

怎么说？假如物理学家所创出来的大爆炸理论是正确的，这个理论所强调的是，宇宙是从一个比小还更小的点，最多只能称为“奇点”爆发出来的。也就这样子，经过这 140 亿年，从一个点变成一个球，而沿着球形的轨迹不断膨胀，变成一个完整的宇宙。但是，无论宇宙再怎么膨胀，再怎么延伸，假如理论是对的，它的轨迹还是离不开球形。宇宙，还是有个边界。我们从任何一个点走到最后，最多也只能画出这个球形，而早晚会经过或回到原点。回到前面谈的火箭，它只能在边界所设定的范围里运作。倒不像我们一般人所想的，能够脱离这个宇宙。

同样地，感官的边界条件，也就决定了感官的运作范围。

我们只要仔细观察自己的五官，自然发现它截取的信息是在一个很具体的范围内。我以前也说过，我们的眼睛能看到的，比鸟类更有限，而耳朵能听到的范围，比海豚更窄，更别说鼻子远远不如狗敏锐。从取得信息的一开始，我们自然已经被自己的感官限制，而就从这里开始建立了种种边界条件。不光是人，感官范围更广的动物，一样有它自己的限制。

我想，任何一位科学家都可以体会，假如你去观察一个现象，所采用的方法和设备是受限的，当然，你可以觉察到的东西，本身也只是在觉察的界线里局限地运作。

我也用过以下的比喻来表达这种观察的限制——假如有一个外星人，他可以看到比我们观察范围更广的能量谱，那么，我们眼中看到的人和人、人和东西、人和动物、体和体之间的隔离，对他很可能是完全不存在的。他最多只是体会到一种渐层的变化。我们认为个体和个体之间是空间，但他很可能看得到彼此之间还有很多的联结。即使这些联结不那么具体，但所呈现的还是合一的。对他来说，我们每一个体不可能真正分开。这么一来，这个外星人对现实的认知，会跟我们完全不一样，甚至可能是颠倒的。

我在这里想强调的是，也许你还记得，即使这个外星人有一百个感官，而每一个感官的范围都比人类更广，但这一百个感官带来的现实还一样是有局限的。就整体而言，还是不成比例。再怎么丰富的感知，对整体来说，还是不成比例的小。即使有一百个甚至上千个感官在运作，它截取信息还是通过一个比较的机制。而任何比较的方法，本身离不开二元对立——感官，本身是一种限制。是把整体限制到一个小范围，才可以运作。这种运作，本身就是受限的。

反过来，如果用“意识”来包括所有我们可以体会、甚至没办法体会到的现实，那么，最多只能说，用我们局限相对的感官，是可以触及意识，但只能触及一部分。甚至，应该说是很小的一部分。

透过头脑——无论效能多高的头脑，它本身可以认知的现实，最多也还是在一个相对、局限的范围，对全部或一体来说，完全没有代表性。不只对一体没有代表性，对我们这一生可以体验的，本身也没有代表性，更不足以代表我们可能经过、来来去去的多少辈子。

我知道，你读到这里，也可能对全部这些观念都已经清楚了，最多只是复习和提醒。但是，反过来，也可能你读到这些名称——感官、相对、局限——就进入萎靡的状态。不用担心，理论也就只有这么多。比较重要的是，怎么亲自去体验，倒不是让头脑刻意去理解。

让我们头脑更想不到的是，头脑的聪明，本身是这个体验与领悟过程最大的限制和阻碍。它通过演绎和归纳，自然会延伸出来一个观念。只是，任何观念，无论多伟大或多微细，本身还是带给我们束缚，本身离不开我们这里所称的边界条件。

一个人要彻底领悟，倒不是从种种边界条件跳出来，刚好相反，是把自己的身份和任何条件都挪开，都不要做任何联结，才会让生命更深的层面自然浮出来，来肯定它自己。

你可能已经发现，我无论再怎么重复，这一点就是我们头脑最难掌握和理解的。我不断地强调，要把全部的理解都挪开，我们才可能领悟到理解不来、理解不到的一体。然而，这几句话，却是头脑绝对没办法接受的。才让我们走那么长的冤枉路，让我们非要通过着手和费力，才能理解 something——一些东西。

06

你还记得钥匙孔的比喻吗?

也许你还记得，我过去会用另外一个比喻，就像以前在《不合理的快乐》中用过的这张钥匙孔的图——如果想知道门外的世界，光从钥匙孔往外看，所得到的画面可能完全会误导自己。要把门打开，才会看到整体。甚至，有些现象，可能是过去的生命产生的因－果，是通过眼前这个小洞完全看不到的。

例如，我们眼前也许看到一个小孩子受到虐待或被欺负，自然会认为

他是受害者。就像我们从钥匙孔看出去，只能看到前面的一点点小范围。我们自然会对虐待或欺负他的人抱着负面的评价，认为这些人太不公平。但是，可能我们打开这个门后，会发现他们两个人的关系其实不像我们想的那么简单。不光是现在才建立的牵扯，而是在过去可能早就有关联。而过去的情况可能是刚好相反，现在看来实施伤害的人，在之前可能是受害的。我们看到的不公平，落在更长的时间范围里，或许就不那么容易判断了。没有人知道究竟怎样对谁才是公平或不公平。甚至，也许在未来的画面里，两个人已经什么事都没有，可能关系还很好。就好像过去的纠纷和牵扯，已经脱落了。

不只是我们看到的范围是限制的，我在这里要强调的是——就像下一张图所表达的，即使把门完全打开，所看到的全部，其实还只是很小的一部分，一样不足以代表整体。它本身还是被看的机制（我们观察的设备——感官和头脑）所限制。

我会不断强调这一点——你看的方法，限制了你所看到的——是因为我们随时会忘记，而认为眼睛所

看到的就是全部，对整体有完整的代表性。

当然，不仅是看，听、闻、触、尝也是一样的，把我们限制在它们的框架里。

意识本身是个无限大的谱，即使我们观察不到全部，但就像我们可以借用数学的概念，通过“无限”来推想到它。我们通过数学，老早可以推测到最小的存在，也可以推测出最大的存在。我们的头脑虽然想象不出什么是无限小或无限大，但是，还是可以设想出一种规律或机制，好像可以去预测出来，让头脑摸到一点“无限”的边。

这些，其实还离不开人类的聪明。它本身是二元对立所衍生出来的，但是，这种聪明只是在一个相对的范围。我们全部的聪明是更广大，只是被相对限制住了。我们真正的聪明，可以称之为意识谱，是远远超过五官的范围,从最小到最大都存在。但严格说起来，它跟五官所能体会到的最小或最大一点关系都没有。

我会这么说，透过头脑，虽然我们可以逼近无限，但是我们也同时要承认自己永远到不了。无论无限大或无限小，我们永远跨不进去。最多，只是逼近。

但是，我们头脑虽然到不了，最多只是逼近更大的聪明，没想到我们还可以随时活出它。你还记得，我前面已经提过只要把头脑——包括头脑的限制——松开，这更大的聪明，是我们每个人都可以活出来的。

我过去也不断地说，是一体来活出我们，倒不是我们去寻或可能找到它。我相信，到这里，你可能对这一点又有不同的理解，而且认为这几句话一点都没有夸大，也不抽象。

我们这一生，从我的角度，最可贵的是通过这个有限的体，让一体活出它自己，而我们又同时可以体会到它，这是没有别的生命可以做得到的。

我才会说这是这一生最宝贵的机会，千万不要错过。

07 边界条件：蚂蚁的比喻

也许你已经发现，第 5、6 章都在谈边界条件，只是用不同的比喻和表达去切入。你可能已经开始认为，边界条件好像对我有特别的吸引力，才让我一次次地重复。

确实如此，坦白说，它含着一把从人间走出来的钥匙。

但是，我也明白，无论再怎么重复前面所讲的观念，你还是可能认为这些观念不符合你生活的经验。这是理所当然的。我们体会不到人生就是在一连串的边界条件的限制内，不断地打转。

因为我们可以体验的，本身就是我们的限制，又是一个边界条件。

前面提过，我们最多是逼近无限，但其实永远到不了。到不了的原理很简单。我们本身就是局限，我们对这个世界的认识也是局限。局限，就是我们过去提到的边界条件。假如这个边界条件本身是局限，被这个边界条件所包裹住的世界和一切，当然是通过同样的局限的条件，在一个封闭的系统里运作。

以我们日常的运作来说，比较（二元对立）本身就已经成为我们的边界条件，时时刻刻约束着我们，决定了我们每一个想法、每一个念头、每一个动作，甚至每一个经验、每一个体会、每一句话的范围。

例如，两个东西、两个数字、两个人之间的关系，是透过不断地比较而建立起来的。任何一个数字要有意义，一定要通过和某个东西的比较。要不然，对我们而言，它一点意义都没有。一句话、一个字也是如此。要有意义，一定要有一个前后的脉络或上下文（context）。是透过头脑，在各种对比、同义、反义、对照、相近或相反的映衬之下，我们才可以得到一个字的意义，而可以联结到我们的经验。不然，任何字，光是单独存在，是没有意义的。

只是，这些机制，我们很少会观察到，而且会认为根本是理所当然。

我们在每一天的生活中，通过念头的变化，认为自己可以活出自由的选择；通过语言，认为自己可以描述眼前的一切。更颠倒是非的是，我们不仅认为自己只是用念头、语言、头脑的聪明被动地描述眼前好像客观存在的一切，还会认为眼前这一切和自己的头脑没有什么关系。

也就这样，眼前的一切自然被赋予了一个独立的存在。我们跟它互动，而我们本身也就跟着有了一个好像独立的存在。这个好像独立的存在，还认为有时候可以影响到外围的现象，但大部分时间其实影响不了。

我常常和朋友半开玩笑，说我们就像这张画里的蚂蚁，在野餐桌上爬，认为自己就活在这样一个局限的世界。虽然不知道桌子以外是什么，但知道如果离开这张桌子，就会像从悬崖摔下去，没有好下场。

当然，这最多只是比喻。蚂蚁没有这么发达的头脑或时–空的观念，它只会在这餐桌上继续爬，从来没有想过会摔下去。只有我们人类，可以通过头脑去

想象超过局限的后果。

然而，我们从来没想过，是我们自己建立这些边界条件，并在这里面设立那么多的局限。而且，还在这样的一个封闭系统里头，误导自己可以自由地活出全部的可能。

到这里，虽然谈了这么多边界条件，但我们并不是非受到边界条件的限制不可。只是因为我们把中心放在小我，会认为受到边界的限制，认为有这个宇宙世界，通过一个排列大小的程序，把自己当作最小。一个小小的“我”要面对那么大的宇宙和世界，当然会有无力感。

边界条件，也让我们感觉到不可能解脱。然而，前面也提过，解脱，不需要从边界条件跳出来——其实，也跳不出来。最多，是把全部的观念消失，让头脑安静，边界条件也就不起作用了。没有一个排序，没有一个分别大小的观念。一个人，也就这样自由了。

然而，从这个最小的体“我”，我们还是可以活出生命全部的潜能，找到内心追寻的全部答案。用边界条件的语言来说，我们还是可以跳出来。因为这个小的体可以说是不存在，或者说它的本质和全部的本质都是同一个东西——一体、意识。

08
大爆炸之前，又有什么？

读到这里，或许你还会认为，只有普通人，才会落入这种感官、头脑和边界条件的错觉。

但是，只要你我去观察现在所有的科技和科学领域，会发现就连专家也受到一模一样的限制。我在《时间的陷阱》中谈过，天文物理学家普遍接受了大爆炸理论（the Big Bang Theory），把它当作这个宇宙存在的前提。这本身就含着人类头脑自己造出来的矛盾——我们的头脑不断地往前提推演，一路推进到最初始的边界条件，也就是在大爆炸前的状态。然而，这个状态却是我们怎么想都想不出来的。这样的前提是局限的脑的投射，而我们非要用这个方法来解释无限的宇宙。到最后，会发现是不可能的。

前面已经提过，无论一个人、一个东西、任何数据，要有意义，一定要通过比较。而拿来比较的对象，一定要是具体，也同样落在边界条件内的东西。像“无限”这个观念，是没办法比较的。它本身已经在任何边界条件之外，而无法作为一个基准。

我才会不断地说，我们由头脑建立的人间的意识，和无限大的意识是在两个不同的轨道，一个受到局限的限制，一个在任何限制之外。

我在这里想表达的是，其实我们可以进入无限。

而且，这样的进入是随时都可以的。并不是通过我们头脑连贯出来的逻辑（动、做）可以进入，而是刚好相反，是轻轻松松不费力地把局限交给无限。让局限，臣服给无限，也就自然让永恒的无限活出它自己。

从另外一个角度来讲，要让无限活出它自己，我们最多只需要突然领悟——这无限大的绝对，是在每一个局限的角落都存在，就像两个不同的轨道不断重叠。只是，我们过去没有觉察到。

我曾经用银幕来比喻绝对。银幕上，演出着电影的画面。这些画面（也就是我们人生的故事）不断在上面呈现。呈现完毕，还没有换成下一场电影，也只剩下银幕。就算换了别的电影，银幕也还是银幕。电影充满声光效果和剧情起伏的画面，只是让我们的注意力摆到前景，而忽略远远更久远的背景。

在这样的现况下，怎么进入无限大的意识？怎么彻底领悟到这个无限大的意识本身就是我们的本性？这才是我们真正需要关心的。

09

人的聪明，也是我们最大的阻碍

我在第3章中谈到，人的聪明最多是在建立一个虚拟的世界。然而，这个虚拟世界太逼真，让我们不光是这一生，而且是一生又一生、一世又一世在里面打转，希望能继续延伸它。

在这个过程中，每个人都忘记了，是我们自己制造出这个世界。是通过我们逻辑的架构，才有一个东西叫业力。我们不但忘记了，更是被这个业力的法绑住。因为我们认为自己头脑延伸出来的因和果是真的有，也就这样子，被自己骗了。

我过去在《全部的你》中用过这样的比喻——我们既是球场、球员、裁判，也是球，也是观众，也是草地，也是球赛，更是一切。相信你读到现在，已经可以体会到这几句话的用意了。

绝对没有层次。它是包括一切。从它里面，好像不需要化出一个体，更别说用一套逻辑来说明。任何逻辑，只是不断从里面化出一个个体、一个个隔离。无论人类头脑演绎和归纳的逻辑多强，和绝对的意识相较，还是不成比例的有限。

它本来就是圆满。它是完整的，不需要也不允许层次。是通过我们人类的逻辑，而且最多只是演绎和归纳的逻辑，才有一个可以“懂”的理解。别忘了，只要用头脑可以“懂”任何东西，已经把一个完美的全部——从绝对，带回到一个相对的角落。我们不管再怎么聪明，其实在整体都没有代表性。

这一点，可能是我们用头脑最难懂的。我们会想通过“懂”，掌握人生的每个部分——样样都需要理解，需要体会，需要建立联结。也因为如此，这样的聪明，就是我们醒觉最大的阻碍。

假如人类没有这样的聪明，自然也就落回到一体。也就好像通过我们意识的转变，自然把时-空这种看起来是四维的架构，一大步落到“没有维度”，把我们一生被束缚的观念完全消失。

一个人自然发现，没有维度或没有观念的观念，最多反映绝对。而这个绝对，含着全部相对的可能。是我们同时活出它，又可以同时参与任何一个维度，没有任何矛盾。

这时候，我们也只能笑，最多可能问自己——哪里还有一个世界或是人间可谈？我们最多只会发现，这一生想找的答案，全部都老早在心中。而且，我们自己，就是这一生所追求的宁静、快乐、大爱、欢喜。我们就是它。

我过去喜欢用“直觉”、gut feeling 或“全相图的意识”（holographic consciousness）这些词，来表达我们还有一个意识层面，不是通过一步步顺序性的推演而来的。这种意识，完全跳出我们人推理的能力、思考的范围。它是一个绝对的观念。本来随时都有，倒不是可以从我们的逻辑去截取。最多，我们只是把这个相对的逻辑挪开，它自然会浮出来。

我会用“全相图”来形容这个绝对的意识，也只是表达——我们在任何角落都离不开整体，而且都可以觉察到整体。只是，这种觉察，和人类与动物感官的觉察完全不同，并不是通过比较、分别来具体描述的过程。

这种觉察，倒不是可以这么表达的。

一个人随时在这种绝对、一体的意识，其实没有宇宙、世界、人间好谈。自然立即体会到这些话都不是理论，而是事实。最多只能自己去体会，却又无法用人类的语言来表达。

这样一来，“这个世界到底是不是一个头脑的产物？”这种问题带出来的矛盾，也就立即消失了。一个人自然会发现，我们通过自己的聪明，竟然没办法理解这么简单的道理，甚至还要冤枉地迷路，迷了那么久。

我再大胆地说，不只世界是头脑的产物，甚至上帝、主、神，都是我们头脑的产物。过去我们说“We are created in the image of God.”（我们是以神的形象所造的。）你自然会发现事实和这句话又是颠倒的，其实是“God in created in our own image.”（神是依我们自己的形象所造。）我们人类就是有那么大的本事。我们就是造物主。

但是，如果你认为这里所讲的神、主、上帝，是在你我自己之外，是位于别的哪里的存在，那么，你又误会了。

我讲这几句话，并不是说没有主、没有神、没有佛。刚好相反，最多只是表达——不是大家一般体会到的主、神、佛。一般对主、神、佛的体会，无论多精彩或再高深，最多是反映头脑的作用。然而，我在这里讲的主、神、佛，是一切，是全部。每一个角落、点点滴滴都是它。我们，也就是它。

讲得更透明一点，我们和神是没办法区隔的。这时候，我们才真正成为造物主。我们可以无所不在，无所不知，无所不能。也可以选择什么都不做，轻松过这一生。而这一生的每个角落、每个时点，最多是用来肯定“全部生命系列”所讲的一切。

到这里，你自然也会发现，就连什么叫相对，什么叫绝对，什么叫无常，永恒、昏迷、醒觉，全部都是比喻。这些用词的区别，本身还是离不开二元对立。

其实，没有一个“东西”叫醒觉，也没有一个状态叫*turiya*。我们本来就是醒觉的，而它不可能让一个东西或一个状态可以描述。假如可以描述，我们也就又回到一个相对的范围，而又通过描述的局限把自己做了一个隔离。

但是，就连这几句话，最多也还只是比喻。

一个人落在一体，会发现自然已经是宁静。没有一个念头可以起伏，可以计较，而随时都可以体会到这两个逻辑的运作——我们每个人都有一个相对的意识，重叠在绝对的一体之上。而这个世界、人生，只是数不尽的可能性中的其中一个。

醒觉，最多也只是清楚地知道这一点。这种知道或肯定，随时都有。一个人也就自然不会被人间带走。

10
一切，最多只是信息

一切，最多只是信息，而任何信息都只可能是虚拟的。

Every-thing is no more than informatics and any informatics can only be virtual.

在这里，我用这几句话，来总结前几章所谈的。

我认为这个观念重要到一个地步，一个人只要彻底理解，而且一点质疑也没有，也就醒过来了。醒过来，也就是——醒觉、大彻大悟、脱胎换骨。

这本书的书名《头脑的东西》和这几句话，其实是最重要的修行的基础，也是最根本的原理。从这个原理，我们可以推演出一切，也同时可以推翻一切。

我们仔细观察，人类所谓的文明，其实都是头脑的东西。人类从古到今的价值观念，打自一个人出生、上学、进入社会、工作、建立家庭、和人互动……一直到死亡所得到的全部观念，都有一个共同的大漏洞——我们忘记了，眼前所看到的样样、每一个东西，最多只是信息和数据，而且，这些被我们认为是真实的数据，对整体而言，根本没有任何代表性。

这些数据和信息，最多只能说是通过一个“我”的观察中心不断巡视外围的空间，而在这单一观察的角度或情绪状态下，得到的一张张快照。通过不断的快照，再加上虚拟的时间观念，让我们认为自己所看到的一切是真的。

我们不只认为一切都是真的，也就这样子，自然衍生出一个生死的观念。好像认为自己通过出生，来到这个世界；通过成长、学习，建立一个完整的生命；而通过死亡，离开这个世界，也就把生命告一个段落。

你我几乎都意识不到，其实我们就是这样被自己的逻辑绑住，认为因–果是真的——人生的任何果，一定要有因，而我们当然不可能跳出这个因–果的关系。我们怎么也想不到，人生全部的这些现象，都是

头脑制造出来的。更想不到的是，连最基本的因—果观念都不正确。

你还记得，我在第 6 章用过钥匙孔的比喻来说明——我们观察到的，只是相当窄的范围。我们看不到眼前每一个好像存在的果，它的因落在好多个不同的层面，而且，大多数层面，是我们感官体会不到，但对这个体是存在的，都在不断塑造这个果。

在这样的限制之下，我们自然会想去改变结果。毕竟我们不知道自己看不见所有的层面，也就这么认定眼前的果是通过自己可以掌控的因所组合的，而自然会想去改动。不只如此，我们还会不断追求更多“更好”的果。把这些更多“更好”的结果，变成人生的目标，还认为自己有自由好谈。

在这种情况下，我们根本不可能发现，自己来到这一生，其实已经是过去的因的组合，而且，这个组合的力量大到一个地步，让这一生的一切早已经定型。一切，都是注定。我才会说，连我们去洗手间、说话、反弹、抗议……任何动作都是注定，不可能不是注定。假如我们还认为不是注定，这种想法才是最不科学的，本身违反宇宙很多基本的定律。

我前面才会不断提到，只要我们还受到人间变化的影响，还认为肉体是真的，世界是坚实的，也就表示我们还是在头脑因－果的架构下运作，分不出什么是真，什么是虚拟。对这样的我们，每一个动作当然都是被注定的。

但是，假如我们突然体会到，从人类还没有出现之前到无尽的未来，可以在人间看到、体会到、表达出来的全部，都是头脑延伸的产物。而我们本来就是一体，本来就是全部。那么，也可以体会——真正的我们跟这个肉体完全不相关，因－果跟自己也就突然不相关了。我们可以轻轻松松放过它。

只是，在这个过程中，肉体还是会受到影响，还是会完成它这一生来想做的（一样也只是因－果的组合）。然而，我们不需要再抵抗这些业力。不只是不需要抵抗，也不需要肯定。

这样一来，样样可以放过。最多是充满信心，充分明白样样都是头脑的东西。无论我们抗议或不抗议，都不会有任何实质的影响。任何反弹，最多是让业力从别的地方又浮出来，让我们一再地来迷路——在每次看似不同的人生，扮演表面上看起来不同的角色，而误以为那就是真实的自己。

然而，即使如此，最终其实也没有什么损失。没有一个独立的“谁”可以损失什么。我们会觉得有一个独立的“谁”存在，是因为我们把自己当作了只是这个身体。

读到这些话，假如你一点都不惊讶，甚至认为本来就是如此，我最多也只能说，你已经在一个醒觉的过程，而且，这个醒觉是挡不住的。跟你接下来做不做，也没有任何关系。即使这一生不醒来，你的命已经彻底地转变。醒觉，最多是早晚的问题。早晚什么，也不用刻意去追究。

11 神经回路的把戏

虽然前面我这么解释我们的认知，是任何专家都只能认同的。但是，值得再谈或分享的是——虽然懂，我们怎么还是会认为这个世界那么真实，而会被它带走?

讲到这里，又需要回到我们头脑的架构。

我们每一秒钟，其实通过五官捕捉再加上脑整合的数据，可能有成千甚或上万笔。就连一个动物，都随时有这么丰富的运作。只是，人类通过头脑进一步整合，把复杂性又提高了不知多少倍。这种运作的机制，有它的道理。是希望我们把全部注意力投入新的信息，像是环境的变化，以及这些变化可能带来的威胁。

比较
不好
怒
哭
痛
伤心

我们仔细想，我们在观察世界，大多数的信息其实已经是落在注意力的背景里。通过头脑不断建立回路，让它们自动化地运行，而且让我们可以把注意力从上面释放出来，集中在新的变化。

例如，我们好像随时可以体会到天空、云、树、马路、对面的学校、回家路上的商场、办公室的走廊……眼前再寻常不过的画面，其实都已经落在头脑老早就建立好的回路里。让我们用最省力的方式，可以在心里把它反映出来。

假如这些画面有些变化，像是天空暗了，云动了，风吹过树梢，绿灯变成了红灯，一群又一群孩子从校门口出来，路上开了新的商店，走廊上出现陌生人……对我们的注意力来说，不需要重新反映整个画面，而只是需要处理些微更动的部分，就可以留意到更可能威胁生命的状况。

这种做法，从神经运作的角度而言，是最经济的。自然而然，也就把一个完整的虚拟数据库，变成了我们注意得到的全部真实。让我们认为好像真有个东西叫天空、云、树、马路、对面的学校、回家路上的商场、

办公室的走廊。无形当中，这些信息变得坚固，让我们真正认为有个“东西”。

也就这样子，我们“制造”出一个完整的世界，而且认为有个坚固的世界是天经地义的。接下来，也一再地通过五官和念头不断肯定它，不断验证它，不断确认它。你我的世界，就是这么来的。

这个机制，很少人意识得到。甚至，听到这个世界是虚拟的，每个人都会立即抗议，认为跟生活的体验完全不符合。但是，我相信只要我们面对自己觉察的机制，从这里出发，自然会发现——我们所见到的、让我们得到坚实的印象的，确实只是信息和数据。然而，这个世界随时落在我们注意力的背景，已经变成生活主要的部分。从生到死，都在身边，在眼前，很难把它否定掉。

我常说，修行，从人间的角度来看，只是建立新的回路。让我们从过去数不完的习气和模式里突然跳出来，彻底体会全部的习气都是虚拟的现实。想想，假如习气是真的有，而不是虚拟，“我”不可能消失。这个世界，一样消失不了。那么，我们就算是通过修行想转变意识，难度会相当高，甚至，是不可能的。

就是因为“我”和这个世界是虚的，我们才可以随时跳出来。

如果你还记得我在《静坐》中用过这张图，用箭头代表回路的作用，它自己不断在那里运转。其实，就连静坐最多也只是建立新的回路，让注意力随时专注到眼前观想的对象。通过这种不断的观想，设立一个新的路径，让我们随时可以回到它。通过这种机制，本来是同时在多层面运作的复杂回路，突然落在一个很单纯而重复的回路，让我们的注意力可以集中在一点。

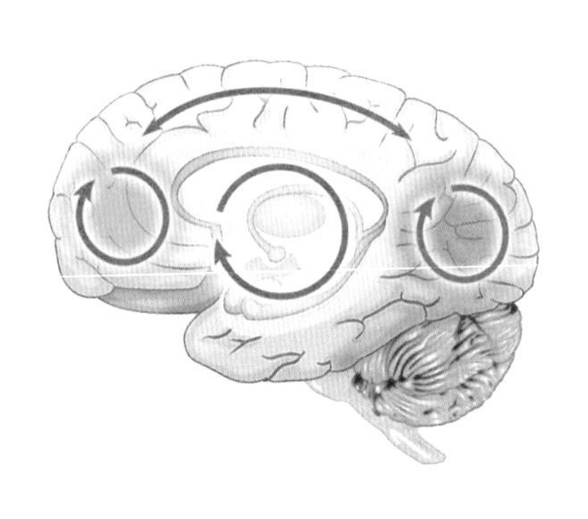

“全部生命系列”最多也只是如此，希望将我们局限的脑不断落在心，落在全部，落在“没有东西”。这样的切入点合并了过程和结果，让我们随时体会到这个世界的虚拟，又同时建立一个完整的新回路，来支持这新的领悟。

也只有这样子，我们才不知不觉化解这个虚拟的世界。尽管最后什么都没有化解，它本来就是虚的。一个虚拟的东西没有必要、也不可能得到化解。其实，也就这么简单。

我才会说，一切都和事实是颠倒的。我们把假的变真的，真的变假的。仔细观察，其实我们连物质和意识的地位也弄反了。我们认为眼前所看到的，都是真的，自然会认为是先有物质，才有意识。举例来说，对现代的神经科学家而言，是先有人的基因，才有我们的体，而有了体，有了神经细胞的作用，才有意识。

是的，站在狭窄相对的意识，用二元对立的逻辑来看，这个推论当然一点都没错。是先有了人的架构，才有人的聪明。然而，我们通常体会不到，在人还没有出现之前，已经有一个意识，也就是我在“全部生命系列”中所称的“绝对”或“一体”。就是我们走了以后，绝对、一体的意识还存在。我们来不来这个人间，跟它其实不相关。

我们有了肉体的聪明，最多只是用肉体的范围想去局限绝对。也就这样子，自然忽视了绝对，忽略了一体。最可惜的是，这个肉体的聪明，对整体一点代表性都没有，不过是生命上兆的可能里的其中一个。

此外，我们通常以为一个东西是活的（什么叫生命），一样又和事实是颠倒的。我们是通过头脑的机制，创出“动”的观念。而“动”，又建立时间，我们才可以衡量死、活，认为这就是生命的分野。一个东西在“动”，可以生，也会死，我们认为它自然是活的。一个东西不动，也就自然认定它是死的。

就这样，我们会假设一块石头没有生命，而一株植物会慢慢发芽、开花、结果，虽然很慢，但是在动，也就认定它有生命。我们没有想到“动”是一个头脑的观念。我们认为“动”才有生命，其实是通过我们头脑的运作，人为地赋予了某些东西“生命”。

在这里，我指的颠倒是——其实，没有一样东西没有生命，没有意识。就连一块石头、一根木头、天上的云、地上的水……全部都有意识。

没有一个东西没有意识。只是它们没有把自己局限在一个小范围里运作。我们从五官和头脑的角度来看，体会不到它们有生命。

我们神经的回路，就是有那么大的本事。不仅骗过我们一生，还可以带着我们制造一个虚拟的世界。

12 感官过度的刺激，反而加强了限制

我们一般也很难想到，不只是静态的空间会不断通过神经回路的建立而落在注意力的背景，成为我们习以为常的状态，就连一个东西不断地在动，我们也会通过神经回路的运作，把一个不停的“动”落到注意力的背景。这样，才可以把注意力释放出来。要等到动的速度变快或慢，才会引起我们的注意。然而，连“动”的快慢，一样是比较而来，全部都是头脑的产物、头脑的区隔。

同样地，时间，通过神经回路的建立，也变成注意力的背景。我们随时不会注意到它，而会把它当作本来就存在，也就自然认为时间是真实的。我也在《时间的陷阱》中特别强调过时间是怎么来的。长期

下来，我们自然会认为时—空是真的，眼前所看到的快步调的情节和画面都是真的，而让自己不断投入其中。

即使我们已经知道全部人生所看到的，其实都是数据和信息所带来的体验（换句话说，我们可以体验的，最多只是信息）。但是，只要仔细观察就会发现，几十年来，人类始终在不断追求更快步调的信息转达，以刺激我们的感官。就好像通过快速的转变，可以得到一种满足感。

我们现在的世界速度愈来愈快，就连快的步调，也一样落入神经的回路，而随时在注意力的背景下运作，也让我们习以为常。过去几十年来，有了收音机还不够，还要有电视。电视的步调还要不断加快，也就有了实时直播和二十四小时播放的新闻。有了计算机网络，信息传递的速度更是愈来愈快，方便到了一个地步，随时可以通过网络调出来数不完的信息。这些，都是因为我们认为通过感官刺激头脑的速度愈快，可以带来更大的满足，才造就的现象。

而且，不光是通过单个感官，现在的技术还可以通过多个感官，建立更逼真的虚拟实境。我们在这个虚拟的现实里，非要用各式各样的方法，再投射出更多的虚拟现实，认为只有通过这种方法才可以取到足够多的信息，以得到够大的刺激。

我们很少想到，步调愈快，其实是在二元对立的虚拟现实里，陷进一种愈对立、愈虚拟的状态。从这里头，很难爬出来。因为样样都像真的，我们反而看不到虚拟的边。

反过来，我认为，未来有一天，大家会突然体会到，再怎么快、再怎么精彩、投入更多感官，其实得不到满足感，只是短暂的刺激。长期下来反而会让人迟钝，需要更多刺激，而且要更快得到。就像嗑药，第一次用，会带来很大的快感。多用几次，就会发现剂量必须更重，而快感持续的时间会缩短。到最后，人麻木了也就不再反应。

这个道理，也就是我在《不合理的快乐》中讲的享乐适应的机制（hedonic adaptation）。我们不断地刺激感官，后果会相当严重。人类全都在不断地动，而且还要动得特别快，来得到刺激。到最后，非但无法再反应，甚至可能会落入绝望。

我个人认为，将来的人会发现所要追求的刚好又是相反的——不再是通过“动”来刺激感官，反而是收摄甚至剥夺感官（sense withdrawal or deprivation）。等于说把感官的刺激去掉，无论是眼根的看、耳根的听、鼻和舌所嗅尝的味道、身体的触感都不再给予刺激。一个人在完全没有刺激的状况下，反而可以突然发现，有一个东西或有一个意识可以浮出来，让我们稍微可以体会到“绝对”所带来的安定。

通过这种体验，我们知道外在无论怎么变化、多么刺激，不仅让人躁动，还会让人感觉缺乏安全感，带来各式各样的烦恼。未来的人会发现，人类的发展必须踩一个刹车——要一百八十度回转，进入内心的状态。

这里所谈的现象，我相信，我们在几年内都会亲眼看到。

我们到这里，会突然发现，人类倒是没有自己想象的那么聪明。其他的东西或生命，也没有人类想的那么“傻”。聪明或傻，本身是二元对立的分别，只有人才会这么区隔。站在整体，全部是平等的。花朵、云雾、石头、动物，全部都是平等的，最多是在活出一体。除了一体的，没有任何东西有独立的存有。

活出全部的生命，最多也是领悟到这一点。

13 我们是幻象的造物主

前面提到，我们这一生的任何体验，都是头脑的东西。

从古到今都一样地，一个人只要宁静下来，潜入内心，说“我”的时候自然会指向胸腔。指着这个位置的时候，很少人指着心脏。古代有些圣人还会说这个位置是在胸腔的右边。

这种直觉的表达，也就好像我们多少还记得自己是从一个虚构的点扩散出来的。通过念头，建立一个完整的身体，而从这个身体延伸出整个世界。

我们本来以为，人类的聪明发展到某一个地步，自然可以体会到意识、永恒甚至绝对。然而，我在这里想表达的，又是刚好和大家的想法颠倒。

颠倒的是，我们本来认为是宇宙带来世界，而世界又创造了我们，而我们确实也有一个“体”会生、会死、会有各式各样的体验，我们把它称为人生，认为是自己在人间全部的生命。

然而，我一直在提醒，其实这个关系是颠倒的，是我们通过头脑的运作，才制造一个世界，建立各式各样的关系。我们把跟自己，跟外围、世界、宇宙一连串的关系造出一组矩阵、一组基质、一组母体（matrix），而把它认为是人生。

我在第4章提到，我们不光可以进入这个中央主机、这个共同的脑，其实，通过表面上局限的脑，还可以进入这个主机背后远远更大的意识。这，才是我们的本质。体会到它——而随时体会到它，是我们这一生来最大的一堂功课。

前面提过，其实我们才是造物主。We are the Creator. 是我们造出一切。我指的一切，是人间可以体会到的一切。

我们制造一切，这一切包括上帝、宇宙，包括所谓的中央主机、任何东西。只要是可以想象或表达出

来的，都是我们自己制造的。包括我们这一生到现在，认为有价值、有意义的全部和一切。就连这个用中央主机来比喻的共同的脑，都还是我们小小头脑投射出来的。

我们的头脑，就是有这种本事，不光可以化现一个宇宙、一个世界、你、我，还可以投射世界之外、感官体会不到、但可以想象出来的。

讲到“我们是造物主”，如果你认同这句话，也不需要感到骄傲。我们最多是幻觉的造物主，通过我们的本事，不过是把它延伸下去，经过千百万次的人生，还认为有什么“东西”可以学习到。不仅是为此要一次又一次地再来，而且，最后可以学到的，其实还只是在相对的范围。到最后，最多是肯定这个妄想。

过去，常有人问我，人生的意义是什么，我最多只会回答“没有什么意义好谈的”。其实，连一点用意都没有，更不要说还有一个意义。不光人生没有意义，其实宇宙本身也没有一个目的。如果有，也只是头脑组合的。

我之前还强调，任何意思，包括字和字之间的理解，我们所有发达的沟通工具，无论是语言、文字、各种媒介、思考、幻想，全部都离不开头脑的运作。对整体而言，没有什么意义好谈。所谓的意义，最多是在一个封闭系统里运算的结果，而这些结果自己肯定自己的重要性，自己支持自己虚拟的存在。

想想，这样的运算，对谁可能有意义？

只是对一个封闭系统里的人才有意义。

但是，进一步观察，就连探讨人生的意义，无论是提问的人，还是作答的人，一样还是头脑的产物。在这样的架构下运作，“有没有意义”的探讨根本也就不存在了。

就像一个人晚上睡觉做梦，梦里好像样样都有意义，我们才有梦好谈。但是，一醒过来，就会发现所有意义都是假的，都是制造出来的。醒过来，梦里所有的意义自然消失，而我们也不会再继续去分析或追究梦里的情节和意义。同样地，我们在看似清醒的状况下，其实全部是头脑在作业，让我们讲话得出一个意思，接下来，人生好像还有一个目的或意义。然而，这全部都是虚构的。

一个人突然醒觉过来，会发现，没有什么意义好谈的。过去认为重要或真实的意义，醒觉过来后，会发现都不存在。

这才是正确的理解。只要我们认为人生还有一个意义、目标或规划可以追求，这本身就是我们醒觉过程最大的阻碍。

14 人生的意义，什么意义？

我相信，读到这里，很多朋友会很失望，认为这样子人生就没有目的，没有什么地方可以追求。我会安慰这些朋友——正因为没有目的好谈，甚至没有追求好去求的，你的生命才可以全部打开，才可以活出生命的奇迹，拥抱生命全部的潜能，包括种种的可能，而超越这个小小的生命。

这不是放弃生命，是刚好相反，是通过这种领悟，让全部生命打开它自己。而这种打开，比我们想象的还更不可思议。所以，我在这里要再一次强调，为什么人生没有什么意义好谈。

很多朋友，会认为人生的目的就是要找到生命的意义，才值得活一辈子。甚至，会想用修行找到答案。

许多修行的朋友，更是在不断找各方的老师、各样的法门，认为只要能理解到什么，或者通过功夫得到什么，就可以突然顿悟，解答生命所有的问题。

无形当中，我们反而都忘记了，这个人生是头脑通过因–果组合的，最多只是作用力–反作用力的摆荡，而且，这些作用力还不一定是感官可以体会到的。

要修行，通过一般的方法，反而是在上头加上一层不必要的意义和意图。就好像我们又忘了，其实说到底没有什么意义可以谈。就算还有一个意义，最多只是等着我们不要再继续肯定这个虚拟的世界，等着我们看穿头脑产生的任何产物，包括这个世界。

也只有通过这种理解，而每一个瞬间重复再重复这样的理解，我们才可以轻轻松松放过这个世界。让任何眼前的经验可以来，也可以走，再也不会造出一连串的作用力–反作用力。

真正可以谈的修行——无论哪一个文化、通过什么法门——最多也只是把“我”的起步找回来。让我们彻底了解，“我”其实是个念相，本身不存在。

深深体会“我”是个念相，接下来，整个世界也

我人生的意义
是什么？
我的人生过得
很有意思！

化掉了。我们才会彻底体会到，这个世界，其实最多只是念头的产物。这种理解的基础，不是靠修来的。它是本来就如此。通过修行，我们最多只是做个提醒——提醒自己一个本来就再明白不过的事实。

前面谈到造物主，我们一般都认为有一个创出生命的指导原则或机制，而这机制有一种聪明，可以制造甚至控制这个世界。也就这样，我们通常认为这个世界、宇宙有一个力量，而把这样的力量称为上帝。我们会认为这个上帝是优先于我们，而且它的力量是在我们外头，比我们远远更强大，带着我们走。

但是我们从来没有想到，就像前面提到生命没有意义，同样地，其实并没有一个指导原则带着我们走，也没有由这样的指导原则造出来的世界。只要还讲得出来这样一个机制、一个指导原则，其实还是头脑的产物。一个人走到最后，自然会发现什么都没有，最大的力量反而是自己——真正的自己、绝对的部分。如果这本身可以称为上帝，也就是它。

这样子，一个人会发现全部都是念头的世界。其实，没有人想害我们，也没有人要刻意欺负我们、带来麻烦或造出阻碍。全部，都是自己的头脑在分别区隔。是我们，分出什么是好，什么是坏。倒没有想到，一连串的区隔、二元对立，也就跟着出来了。

毕竟，如果我们认为有个东西在制造一个世界，那么当然就连修行，也还是二元对立的产物。是我们认为自己跟宇宙、跟全部是分开的，才会想通过修行把自己找回来。也自然造出一连串说明和练习来表达这些不必要去找的真实，还想在其中找到意义。

一个人体会到这一点，自然会发现“全部生命系列”包括这本书所讲的，其实都没有什么意义可以谈。不会通过它，让你理解什么东西。甚至，事实又是刚好相反，最多是通过这么多的字句和论述，你突然体会到这个人间没有一个东西可以带给你幸福、快乐、爱、宁静，甚至，没有一句话、一个系统、一个法可以帮助你找到这些。

这些，本来就是你自己。你，也从来没有离开过它。

甚至，连我在这里说：Every-thing is mind-stuff.“一切都是头脑的东西。”可能最多还只是一个比喻。比较正确的表达应该是Every-thing is within you.“一切，都在你心中。”或“一切，都是从你延伸出来的”。

你这一生想找的全部，其实已经找到了。它就在你心中，等着你肯定它。就连全部的外在，这个完整的世界，这一生可以体验的点点滴滴，包括任何头脑的产物，都是从你心中投射出来的。

我用各式各样的方法切入，最多只是表达这些重点。只怕你我还是听不进去，我才不断地试着用不同的方式来强调。其实，我讲的这些，你老早都懂。我才会在《集体的失忆》中指出——我们只是忘记了。然而，一想起来，也立即就懂了。没有什么损失，也没有耽搁什么时间。毕竟，时间本身就是头脑的产物。

之前提过，我们人活在一个局限的框架，还有一个远远更大的层面（我们称为一体或绝对）在完全不同的轨道。所以，虽然我们用头脑建立世界，但我们通过头脑跨不出去，两个是不同的意识层面。

颠倒的是，绝对的层面本来就有，从来没有没有过。我们人类还没有出现，它就有。人类消失了，也许几百年、几千年，甚至几万年、几亿年后，它还是有。但是，我们只要一开口，如我前一句里用“有”

（或再讲究一点，说“存有”）本身已经把它限制了。我们用头脑最多只能试着去描述它，稍微做一点解释。

然而，只要把它的意思一定下来，我们其实又把它落在人间的框架。如果真的要描述，最多只能讲——是我们没办法理解的。

理解，本身也是我们局限的二元对立的作用。绝对，是塞不进我们头脑的架构的。然而，我们又离不开它。并不是因为我们有人类的聪明才有它。反而是，它在等着人类发达到某一个聪明的程度，突然可以有一点小小的领会。

矛盾的是，要理解它，我们竟然要把我们聪明的脑摆到旁边，它才可以浮出来。但也就是有这么聪明的脑，我们会突然体会到——有它，却又没办法用我们的语言来描述，最多只是心中知道。知道什么？讲不出来。

你说，这是不是又是一个大的矛盾？

我要进一步大胆地说，解答这个矛盾，是我们这一生来最大的目的。

但是，讲到目的，本身又带来一层限制。

15

蜉蝣的故事

美国北部和加拿大的夏天通常很短。当地人大概都看过，在六月，会出现大量的蜉蝣（shadfly）。就是一天两天的事，不晓得它们从哪里突然一起冒出来。

蜉蝣是一种很原始的昆虫，体长大概两三厘米。出现时，几乎是铺天盖地。一般人都知道，住家附近不要有强的光源，免得把它们吸引过来。

蜉蝣不会咬人，事实上，它羽化成虫后，根本没有内脏，连进食都省下来了。蜉蝣喜欢靠近水边交配，不过交配的时间也很短暂，我们根本看不出来，最多是觉得有两只蜉蝣在半空中靠在一起，然后一同落到水面。就像两片叶子在风中碰到了一起，也就一起落下。

它一碰到水，全身的骨架就好像撑不住，完全陷到水里。也就短短的一天，大量的蜉蝣，成千上万甚至上亿的蜉蝣落在水中。乍看之下，好像许多小鱼在水里。再过几天，一只只蜉蝣也就沉下去，成为水里鱼儿们的食物。

蜉蝣和大家熟悉的蜻蜓、蝴蝶或萤火虫一样，寿命都很短。羽化成虫的蜉蝣，最多也就活上一两天。短的，甚至只有几分钟。古人才会用“朝生暮死”来形容它。我们站在人类的角度，自然会想问：“这么短的寿命，有什么用处？或有什么意义？”

这种质问，本身就反映了我们人类的特质——要

从生命的各个角落，得到一个联结，而从这个联结得到更深的意义。好像眼前的状况不够，要得到一个更大的蓝图或更高的原则，而且，这个原则必须满足更完整的一个周转。

我们都没想过，站在整体，我们的生命其实就像一眨眼那么短暂，没有更深或更完整的意义可谈。人类，和这些虫子其实没有什么差别。但是，我们非要取得一个更深、更大的意义，认为这一生来，是要来学习到什么东西。我们根本没有想到，可以学习到的，不光全是头脑规划出来的，而且还是落在头脑的范围内才可以学到的。也就好像一个虚的架构，非要得到一个虚的内容，也就这样子，它才可以达到虚的目的，得到虚的意义。

这本身，就是我们抓得紧紧的人类的特质。

16 人类的发展，人类的价值

这个主题太重要，让我换一个角度，再继续深入。

前面谈到，任何语言或念头所组合出来的意思（meaning），都离不开二元对立，而最多还只是一种头脑的东西。

我们仔细观察，没有任何一个我们人间所称为的联结（无论是人和人、东西和东西、人和动物、人和世界之间的联结），不是头脑组合的。这些联结，本身不断地把我们局限到自己所建立的框架里。你我每个人从出生、长大，通过家庭和社会所得到的教育，其实最多也是不断地强化这种联结，想从中取得意思，取得意义。

无形当中，我们自然会肯定，一个人最好有这种联结的能力（样样都可以看出意义），可以学习东西，在样样中区隔出好、坏、对、错，是有利还是有害。我们也会希望通过这种区隔的能力，为自己带来一些优势。认为有了优势，自然可以在社会上顺畅地运作，甚至可以在群众里脱颖而出，得到少数人才有的地位。这种地位一般都离不开物质的层面，不是财富、权力就是名誉。通过人生的学习，我们最多不断在强化自己的个体性。

任何话、任何表达、文字语言可以得到的意思，不光是落在相对的层面，而且本身还给我们带来束缚——只是我们通常把这种束缚称为人生的"意义"。例如，认为有些话有用或有意义，有些行为跟话没有意义。也有些人会强调要说有用的话，做有用的事。

然而，这种区隔，本身还只是一个头脑的产物，是在这框架内好像扩充出另外一个层面的平台，让我们认为更值得用人生去追求。修行，就是个很好的实例。我们也许就是对人生不满、失望，才有个修行的追求好谈。

我们其实在年纪很小的时候，就已经建立起一个人生的意义想去追求，不只是物质层面的目标。例如，想赚很多钱，成为出名的明星、有魄力的政治家、医术高超的医师、有爱心的护理人员。在内心，也自然排列某些状态、境界或追求才有意义，而某些没有。就这样，我们为自己的人生定出一个优劣的次序。

几百年来，我们东方的民族受到西方物质文明的影响，也特别重视物质带来的意思和意义，而自然把它变成文化的一部分。现在的东方世界，都离不开这种规划和追求。认为所谓的社会发展，就是要建立一种优劣的排序，让我们好进一步做比较。这样的比较，也许落在经济的层面，也许是社会情况或生活方式，也就变成人类文明共同的追求。

我们回头看，人类发展至今，几千年来都在不同的优劣次序上追求。认为自己的努力一定可以胜过自然和环境，而想刻意去转变、改善，直到符合人类所要的样子为止。我们正是通过这种眼光，一样不断在衡量外围或别人。我们认为的成功和失败，也是这么来的。

这样的观点，背后其实还有另外一种肯定。也就是在不知不觉中，我们每一个人都接受——全部的生命只是局限在生和死两个点之间的有限片段。而人类整体或个人发展想要得到的最后结果，也只是希望延伸眼前的人生。最好在这几十年，可以取得愈多愈好，而且，这方面的成就，最好足够将自己和别人区隔开来。

表面上看来，我们现在生活的步调这么快，好像可以完成更多任务，取得更多成就。但是，我们在这当中，反而不断肯定了自己的限制。

我们再怎么累积，无论是财富、名誉、权位、势力，到最后还是有限的。就连宇宙，当初从什么都没有，生出来种种的有，还有上兆的星球，到了远比我们可以想象的还要更广阔、更庞大的地步。即使如此，它还是有限的。和我们全部的可能相较之下，还只是一种不成比例的小的存有。

而人间所强调的价值观念，最多也只是反映我们头脑的机制。头脑本身要有一个落差、一个差异，才能够作用。念头，也就是这么来的。假如样样是平等，其实，没有念头可谈。非要有差异不可，这本身就是带动头脑和人间运作的机制，哪怕是在一个虚的世界，也自然让我们往外在世界去追寻。我们最多也是通过价值观念反映它自己本来就有的机制，不断想找一个差异和落差。好像这样才能滋养、强化头脑自己的运作，让它自己扩大自己。

这一点，我们一般人很少去想到。所以，我们最多只可能继续在物质层面集中注意力，把人生的限制自然变成自己的边界条件。

我通过“全部生命系列”想表达的是，人间可以建立、想到的意义，没有一个不是头脑的东西，本身也只是一种束缚，为我们设下数不完的陷阱。人类的任何发展，都是往具体的方向走。就是现在强调的统一，最多还只是把物质层面既有的理念连贯，而延伸出另一个在物质层面上比较简化的平台。例如，物理学家会想追求大一统理论（The Grand Unified Theory），想为分子和更小的粒子找到一个源头，并且用同一套原理来解释宇宙的四个基本作用力。但是，就算有了这样的大一统理论，这些最基本的粒子，又是怎么来的？这种追求，不光是没完没了，不会解开我们生命的潜能，反而还不断地局限在物质层面。不只让我们这一生就这么被带走，而且是千万年来，一代又一代地引导人类走向一个虚拟的状态。

我要强调的是，每一个意义、每一个人间所重视的价值，都是头脑的产物，最后，都要放开。我之前在《落在地球》中也提到，连人类的价值观念、人类的特质都需要放掉，你我才可以彻底解脱，跳出人类带来的全部限制。而且，要放掉全部这些观念（包括人类的特质）比我们想象的更简单——不是去追究这些价值的意义，最多只是看穿它们怎么来的，而它们的来源又是什么？本身有没有一个实质的存在？

一个人也就自然会发现，全部我们可以想出来的，包括人生最高的意义，包括什么叫最高的真实，都离不开头脑。本身还是头脑的东西。还是一个人为的系统。本身还是一个阻碍。

17 业力，又是什么？

假如一切都是头脑的产物，我们怎么去看业力？它又是怎么衍生出来的？

这个问题，我相信在此时，你心中已经有了答案。只是，这个题目不仅是重要的，还是最难懂的。我在这里，希望能再带来一个切入点。

业力，其实也是我们头脑的产物。但是我们也可以说，头脑，也是业力的产物。两个，其实是两面一体，分不开的。

怎么说？

头脑的作业，本身有一个运作的机制，或者说有规矩，有法则。而这个运作的法则，就是业力。业力，其实就是因–果的连锁，是不断延伸的一个作用力，接着再一个反作用力。也就是一个因，再加上一个果的作用。连贯起来，让我们有一种连续的印象，看这个世界不会是断断续续的，而可以得到一个意义。

这个关系，就像结构和功能是分不开的。举例来说，我们有一个身体的架构，身体会动、会运作，反过来，又通过动和运作，自然影响身体的架构。

头脑的架构在运作，而运作的范围，也就是业力的架构。我前面讲的“意义”，也就是在谈“果”是怎么延伸出来的，以让我们头脑可以理解。甚至，从理解中得到更大的意义，好像还能把人生的全貌建立起来。

我们的头脑，假如不通过因—果来组合，是没办法作用的。每一个念头，每一个画面，都是单独的、连贯不起来。是我们，有本事把一个又一个画面串起来。这种联结，自然创造时间的观念。

时间，本身是空间比较的机制。是我们把眼前这个瞬间所看到的，和过去、未来的瞬间相比，而得到一个好像在动的印象。接下来，才产生时间的观念。反过来，一个因—果的架构，本身也在引导头脑的作业。应该说，通过这个架构，它已经可以决定或框住我们这个头脑的运作——会自然让头脑观察到眼前任何东西，而从这里面取得因–果的关系。同时，让我们随时肯定因–果的法则。

我们最难懂的是，这个因–果，不只是落在我们感官的范围。我们其实不只是一般眼看、耳听、鼻闻、舌尝、身触的感知，还有许多其他感知的门户。我们最多是通过各种感知的门户化出一个自己认为“有”的现实，而通过这个有限的现实，想在里面寻找一个因–果的关系。

但是，我们看不到全面，想不到就连两个人的互动，都其实老早已经是决定好的。通过业力的运作，早就注定。前面也举过这样的例子，看到一个人被欺负，我们会理所当然地在这个限制的范围内把他当成受害者，而把另一个人当作加害者。接下来用人心险恶、居心不良、坏心眼、奸诈、受骗、倒霉、不公平、委屈、冤枉……来描述这个经过。

只是，因–果的出发点，不是我们想象的那么单纯，不是受限于我们眼前这辈子。它是从各个层面、各种角度，甚至过去数不完的辈子组合起来的。我们这一生眼前所看到的，只是五官可以体会的一个小小的层面。

一般人说眼见为凭，然而，眼睛所看到的现象其实很狭窄，不足以代表全面。我也才不断地重复——只要我们在业力的架构运作，认为它是真的，我们其实就连一个动作、一个念头都是注定的，不可能跳出来。它本身就是一个封闭的架构，怎么转变，也永远转不出来。反过来，假如真正明白这里所谈的是真的，知道连业力都是头脑的产物，我们自然可以轻松选择跟它没有互动，才可以从这个封闭的架构，随时转回到一体。

其实就是那么简单。

但是，无论我怎么讲，甚至到了重复再重复的地步，你虽然懂，但下一秒就会质疑，马上会忘记。甚至，面对下一个瞬间发生的一切，你会立即反弹、抗议。就这样，立刻回到头脑的世界，投入业力的旋涡。

“全部生命系列”要提醒你我的是，一个人其实不需要追究业力怎么来的，甚至不需要去管它是不是头脑的产物。这种问题是追查不完的，再怎么辩证，也还是一种头脑的作业。我们最多只要去体会到，没有一个实质叫业力，也没有一个东西叫头脑。也就这么简单，跳出了头脑和业力的范围。

我们不断提醒自己，不断承认这个事实——没有一个范围、一个东西叫业力可以守住，我们可以选择不受它影响，只要我们给予它一点点肯定。其实，从业力是跳不出来的，还不知道要来回多少次，也许几十、几百、几千次，最后，才会领悟到这一点。

这个选择，还是在你自己手里。没有一个人，包括我，能帮你做这个心态的转变，只有你可以做。然而做之前，要承认没有头脑，没有一个东西叫转变，才可以转变过来。

你看这是不是又增加了一个悖论？

18 还有什么可以称为真实?

我相信走到这里，已经把好多观念整合起来，也会比较清楚我们当初为什么要做好多练习，而这些练习又是为了什么?

我在这里，再重新谈一次《我是谁》的练习，相信你的理解，到现在已经完全不一样，而可以跟你自身的体会做一个对照。你可能还记得，第一个练习（“我”所见的一切，都不是真实）就是来肯定——一切，都是头脑的产物。

它本身是最重要的一个观念。只要能彻底活出这几句话，其实，对你我而言，接下来的一切，也就理所当然。然后，也就没有什么练习好谈。可以这么说，无论是《我是谁》或其他作品所带出来的练习，还没有做，自然已经完成了。

你或许也还记得《我是谁》中的第二个练习（真正的我，没有生过，也没有死过）也就是在提醒我们——真实，没有生死，最多是永恒。然而，就连永恒这两个字，最多也只是比喻。

毕竟，真实并不等于无常的对等。真实，本身是没有特质可谈的。

接下来，我也不断提醒，连你我，都不可能有一个独立的生命。这个世界的一切，都不过是头脑的东西。它本身其实没有一个最源头的因，也没有一个最终的果。是我们人认定有一个最源头的发生，还拿自己当基准，一步步从人类往前推到猴子，再往前推到大爆炸。然而，推到底，根本难以想象大爆炸之前又是什么。

再用一个比喻来表达，就好像一个很美的美人鱼，不知道是从哪里冒出来的。她在虚空中飘浮着，突然间看到海水，也就完全适应了，认为自己就是水中的生物。海里不仅有生物，而且样样都是区隔的，也就这样子延伸很完整的生态系。她欣赏着海里美丽的珊

瑚，逗弄五彩缤纷的小丑鱼。有一天，她突然转过身来，看到自己的倒影，才发现原来自己是那么的美。然而，除了自己，什么都没有。她才发现，这个世界全部都是幻觉，是自己延伸出来的。接下来，自己怎么来的，她不追究。往哪里去，她也不管。最多是停留在自己的美。

我们人类也是如此。其实，“我”没有根源，也没有终点。

我们去追究“生命”的根源，非但永远追查不完，

而且这种追求，本身对我们没有任何解答的作用。是直到有一天，我们突然转过身来，知道自己真正是谁，才明白自己含着一切的答案。而我们想要追求的，本身就是它。

这个真正的自己，没有生过，也没有死过。通过我们头脑的作业，一切才仿佛有一个头尾。通过我们每次片片段段的生命，建立起一个有生有死的观念。这一点，我相信是头脑最难懂，甚至不可能懂的。假如真正懂了，本身也就把头脑消失了。

头脑要生存，一定要能够排列一个先后顺序——有个因，接下来有个果，可以把因—果连串起来。就像前面提到的，假如连贯不起来，样样都没有意思，更没有意义，这个人间也就跟着消失了。

这些话，不是头脑可以理解的，最多是我们亲自去体验、去领悟。其实，连这么讲都不正确。比较正确的反而是，我们把人生样样可以体验的全部，包括领悟、观念、体会……都挪开。一体或真实，也就自然浮现在眼前。这不是我们通过人类的任何特质可以取得的。

但是，我敢进一步说，只有这种领悟，才能把业力的连锁打断。我在《短路》中用这张图表达过——把因—果看穿，突然彻底体会到，在每一个瞬间前，没有因，在每一个瞬间后，也没有一个果。每一个瞬间，自然拉长，变成永恒。也只有通过这种当下，而每一个瞬间，不断地，最多也只是当下，我们才突然让千万年的因—果锁链断裂。

就是那么简单，又有那么大的作用。

19
“我”不存在

回到《我是谁》所带出来的练习，或许你还记得，接下来是这样的提醒——“我”根本没有存在过。

一切，都是头脑的产物。连“我”的观念，当然也是头脑延伸出来的，本身也不存在。

假如连“我”都不存在，还有什么世界好谈？还有什么东西要追究或放不掉？还有什么东西值得追求，值得分享？

“我”不存在，是谁可能醒觉？

“我”既然不存在，还有谁可以醒过来，值得说是醒觉的？

这么下来，我们也突然会发现，过去全部的痛苦，是让一个不存在的“我”制造出来的。

我们心中的失落、悲伤、失望甚至绝望，不光是通过一个虚构的“我”投射出来，还不断地折磨这同一个虚构的“我”，造出一连串的伤痛。让我们在这一生想把它告一个段落，做个收拾。这一生假如没有收拾干净，可能接下来千千万万个下一生，最多也只是延伸同样的剧情。

这是最不可思议的。

“我”没有因，没有一样东西有因。当然，也不可能有果。没有因，也没有果。其实，全部已经老早自由。不仅“我”不存在，即使“我”存在，它也是自由的。没有因，没有果，也就没有业力可谈。业力本身也是头脑的产物，是我们自己制造出来的。

假如不是这样子，一个人可能一生都要去追究自己的罪，认为自己有罪或犯了错要被惩罚。这是我们一般人的想法，总是认为要改变世界，要改变自己。甚至，认为有一个因—果在等着处罚我们。

我们绝对不可能相信——从这部戏跳出来，我们连“跳”都不需要做。比我们想象的，更简单到一个地步，反而让我们认定不可能那么简单。也因为这样子，我们自然“做”不到。

其实，只要去观察就会发现，我们真要“跳”出来，最多，只需要彻底体会到，自己真实的身份比起这个身心是远远的更大。甚至，应该说和这个身心根本不相关。

我才会说人类是一个弄错身份的案例（a case of mis-identity）。

只要冷静想想，倘若这个“我”是真正存在，那么，也不可能这么简单可以解散或让我们从“我”的范围跳出来。可以说，是根本不可能。

不光“我”，而且，整个世界都是一个虚构的现实。是这样子，我才敢讲，要解散这个“我”，比我们想象的简单更简单。甚至，不用费力。

这两章的观念，你会发现，都是从“头脑的产物”这个观念自然可以扩展出来的。我才会说，一个人只要彻底领悟到一切是头脑的产物，其他一连串的观念也就推翻了。一个人，也就不知不觉醒过来了。

20 都不是真实

我们读到这里，《我是谁》的下一个提醒（都不是真实），也自然容易懂了。这个提醒，最多也只是说，我们真正要懂得真实，倒不是去理解什么“东西"，而是通过否定“一切的东西”。

只要我们可以说理解到什么东西，其实也就已经被一种头脑的状态带走了。任何“东西”离不开二元对立，都是在相对的范围里成形，古人才会用*netti netti*“不是这个，不是这个”来面对眼前的任何东西。

Netti netti“不是这个，不是这个”这个声明，最多也只是从另外一个角度强化前面所谈的一切——这个世界，我们可以看到、体会到、认知到的全部，都是头脑的产物。都是局限。都是束缚。都是制约。

假如我们可以彻底领悟这几句话，其实也不需要再用*netti netti*“不是这个，不是这个”来提醒了。

但是，坦白讲，对我们一般人，可能还是需要通过*netti netti*“不是这个，不是这个”否定一切——没有一样东西是真实。通过这种不断的提醒，提醒我们眼前看的，都不是真实。我们接下来，才可能稍微体会到醒觉的一点味道。

只是我们还半信半疑，认为这些话和生活经验并不完全符合，才需要采用这么多的练习（或我所称的提醒），让我们真正的自己浮出来。

想想，假如它随时浮出来，那么，又有什么练习可以做？更不用讲，还有什么东西可以修行？我们最多只需要承认自己真正是谁。接下来，也只是接受我们真正的自己、真正的身份。最多，只是这样子。

虽然全部的修行，最多只是一个反复的提醒，但是，不能小看*netti netti*“不是这个，不是这个”的作用，它其实比任何持咒都有更大的效果。

我们一般持咒，最多是把注意力集中在一个点，希望和咒语达到合一。最终，没有人在念咒语。没有咒语，甚至没有朗诵的过程，让我们进入“奇点”以回到一体，达到彻底的宁静。

然而，*netti netti*“不是这个，不是这个”的作用不只是让我们身心合一或宁静下来，它本身已经含着最高的真实。把我们的出发点、过程、结果都合并在一起了。最后的结果，最多也只是肯定我们本来就有，本来就知道的部分。

Netti netti“不是这个，不是这个”本身含着臣服和参的练习，还含着“I Am.”的作用。

Netti netti“不是这个，不是这个”其实是在不断地提醒——我们本来就是造物主，本来就跟神没有分手过。接下来，也没有什么东西可以分享，或者还有什么领悟可谈。甚至，也没有什么身心的矛盾没办法解答。其实，全部的矛盾还没有起来，已经老早消失。它本身就是有那么大的力量。

但是，不管怎么讲，所有的这些练习，最多还是回到最源头，让我们体会到——一切，都是头脑的产物。

没有一样东西，不是头脑的产物。全部，只可能是头脑的产物。

这几句话，既是修行的源头，也是最后的结果。

它本身既是领悟，又是过程，又是练习。

21 把情绪，当作一个解脱的工具

前面提过，只要是用五官可以组合出来的现实——这个世界的一切——最多只是头脑的产物，我过去用“念相”（thought-forms）来表达。现在仔细想，我们自然会明白这是再清楚不过的事实。然而，比较难体会的是，连我们心中所体验的一切，包括我们的情绪，一样的，都还只是念相。

情绪，本来是身体运作最好的联结工具，我指的是作为头脑、神经和身体每一个细胞之间的联结。通过情绪，能快速转达头脑的指令，让这些信号几乎同时扩散到身体的每一个角落。

各种情绪，无论恐惧、悲伤、绝望、沮丧、愤怒，乃至于兴奋、满足、快乐，本来是为了对眼前的体验做一个快速的评估，让我们的身体可以随之迅速地反应，而争取到最好的生存机会。没想到，经过了千万年的演变，情绪的运作本身活了起来，好像成了一个“体”，我过去称之为“情绪体”。这样的体，大多是由不好的情绪所组成，而让我们每一个人随时都在萎靡的状态。

也因为如此，我们不知不觉，自然追求认为是正向或好的情绪。例如，我们每个人都希望通过饮食和触碰得到满足，也希望通过亲密关系得到一种圆满。就好像我们平常都在萎靡的状态，自然会想通过正向的情绪来得到一种平衡。不知不觉间，追求快乐、满足、安全、舒适也就变成我们人生的目标。

仔细观察，在修行里，我们也一样的，会自然想追求正向的状态。会强调欢喜、宁静、爱、满足，或者哪个部位发麻、发热、气脉打通、感觉到心打开、和宇宙融为一体、无边无际、自由自在的感觉。也会强调开悟、解脱的重要。然而，这些转变，都离不开头脑再加上情绪扩大的作用。

你我都一样的，随时忘记这些情绪的状态和转变，最多还是在反映念头的状态或念头的变化。稍稍进一步分析这些情绪的转变，就会发现最多只是感官的资料和数据，会生起，也会消失。都是无常，是靠不住的。最可惜的是，任何人只要体验过，都自然会想再重复这些经验，还把它当作修行进步的指标，甚至当作这一生最大的追求。

除了追求正向的情绪转变，我们人类其实还有更复杂的运作。常见的一个例子是通过失望，造出情绪上的萎靡。例如，一个人好不容易见到一位上师，没想到，上师没有对他谈法，还很随意地和身边的人闲

聊，讲话像小孩一样口无遮拦，甚至一点都不庄重，达不到他心中对上师的期待。他不光会失望，还从失望转出一连串负面的情绪——也许接下来很讨厌这位上师，或者反过来开始自责、懊恼，觉得是自己不够成熟，才会产生这些批评的想法。

此外，有些修行的朋友，会认为身心应该受苦才可以成就。认为自己要忍受静坐时各种发麻、发痛的感觉，要忍住各种不好的情绪，不要让它发出来，或者要不断地忏悔，把全部过去可能犯过的错通过头脑不断重复反省，才可以得到一个彻底的消除和净化。心里好像认为，如果没有经过这些苦修或磨炼，没有累积一些修行的年资，没有在情绪上为修行吃过苦，也就不可能有成就。

仔细观察，这些认定，其实还是头脑的产物，离不开“我”的运作。然而，你我也是一样的，即使读到这里，也明白这个道理，但是面对情绪的变化，它还是有压倒性的吸引力，让我们很难过得了这一关。一遇到状况，我们往往会忘记其实并没有一个真正具体的实体叫情绪，而情绪本身一样是头脑的产物。

前面提过，情绪本身是头脑和身体每个器官与细胞之间的桥梁，有着信号放大的作用。它其实不仅是前面说到的“头脑的产物”，情绪的影响还会落在每一个细胞上。一个人遇到情绪上的失落和创伤，会结结实实地落在身体，在细胞的层面留下一个疤、一个印记。

这也就是为什么，一个人受到很大的创伤，很难去解开。

虽然头脑有时候可以想通，去把它解散，但是，身体的细胞好像还是在不断地重复同一个反应路径，一直要不断地重复创伤的经验和痛苦。也就好像细胞所接受到的创伤的信息，已经凝结在细胞的层面。而它本身已经建立了一个完整的回路，反过来希望头脑不断重复它。

我们从心理学的角度也都知道，情绪带来的失落和创伤，是相当难化解的。不光影响这一生，还可能带到下一生，就像能量已经冻结在细胞的层面，特别难打开。

但是，无论如何，情绪还是头脑的产物，还是从头脑延伸出来的。到最后，我们倒不是从细胞的层面去解答，也不是不断重复过去创伤的经验就可以解开。

反过来，是到源头——通过念头，一个人不断地臣服，不断地参，不断去体会到情绪创伤的来源是念头，而念头本身是空的。只有这个方法，一路探到最上游的源头。参到最后，发现连这个源头都不存在。一个人才自然可以让任何情绪来，而接着放它走。

不去干涉它，不去干涉眼前的念头、身体任何部位的萎靡，一个人其实也就自然懂得放过这个世界。陆陆续续把过去的结，自然一层一层打开，而可以彻底从情绪的创伤中走出来。

随时可以观察到自己的情绪，而接下来又可以随时放过它，不去干涉它。彻底地体会，每一个情绪和念头都是一样的，都是虚构的。倒没有必要去追究、分析或解释任何眼前所带来的萎靡。

除了观察、接受、随时放过，我们也可以不断地参——“为谁，有这些情绪？有这种萎靡？有种种的感触？”通过参，我们自然可以发现，其实，可以感受到情绪的这个体，是不存在的。

这样的 *sādhana* 或练习功课，是我们一天随时随地可以做的。甚至，在睡觉时也可以做，是最好的 *sādhana*。

我会提到睡觉，是因为一个人如果创伤很重，通常会有噩梦。假如我们刚睡醒时，可以观察到这个噩梦所带来的情绪的萎靡。接下来，一样可以接受、放过它，或者一样地去参。也就那么简单，从任何创伤，我们都可以彻底转出来。

我才会说“全部生命系列”所带出来的方法，不管是臣服、参或相关的练习，其实是最好的心理疗愈。

不光如此，我会不断把“全部生命系列”当作一个反复的工程来提醒，也就是在表达——从我个人的角度，我倒不认为一个人从早到晚专修，通过各式各样的静坐方法，可能找回他自己。

既然念头和情绪两个本身都不存在，都是虚构的，我们通过念头去专注在一个点，集中注意力，最多只是再加上一个层面的束缚。只要我们没有集中注意力，杂念一样随时冒出来，而情绪也没有停止过萎靡。

反过来，一个人假如让情绪和念头本来就有，随时就有，不去抵抗它们，而甚至可以当作一个最宝贵的意识转变的工具或门户，也就这样子，轻轻松松地，一整天下来，就连睡觉，也随时在修行。

我们夜里一醒过来，看到情绪。看着它，接受它，清楚知道它跟真正的自己一点关系都没有。就是不接受它，不放过它，它还是虚的。放过它，也是虚的。不放过它，也是虚的。我们用这种中性的方法看到念头，它也自然就化解掉了，反而不需要再额外加上一个肯定或反对。只是利用每一个瞬间，把每一个瞬间当作最后一个瞬间，都可以彻底转变。

我提到念头和情绪是虚的，还不光是指坏的念头、坏的情绪，而且是任何念头、任何情绪。不分好坏，我们都要通过每一个瞬间把它看穿。

通过前面所谈的练习，面对每一个念头、每一种情绪，我们自然会发现好坏还是人主观的判断。好坏其实都不存在。有了好的念头和情绪，接下来，可能就变成坏的。而坏的，又转成好的。也只是不断重复这样的起伏，没有一个终点。不知不觉，我们也就这么陷入人生。

我们彻底知道，一件好事，也许带来快乐和兴奋，严格讲也没有好到哪里。坏的事，可能带给我们愤怒、失望，也没有坏到哪里。两个都一样在头脑的层面。我们也自然发现，自己的念头和情绪起伏愈来愈少，也才会宁静下来。

不知不觉，我们自然会发现，一个念头或情绪还没有来，我们也就好像已经活过它了。无论好坏，再也不会有个诱发的作用。我们通过每一个瞬间，自然可以活出来我们的圆满。然而，这种圆满，跟任何状况的好或坏都不相关。

这种提醒或 *sādhana*，是我们每一个人都可以活出来的。

22 没有批判

我们不光放不掉情绪，其实也放不掉任何批判。

对样样，我们随时要做一个区隔。不是好，就是坏。这些批判，当然也是作为我们情绪的佐证和对照。我们也就在不知不觉中，将人区隔成好人、坏人。特别好的，我们还称为善人或圣人。特别坏的，就把他们归为罪人或恶人。

遇上了一位圣人，我们还可以区分出更多细致的特质，来充实我们个人对神圣和圣人的判断。这些种种的分别和评断，全部还是通过我们相对、二元对立的脑在区分。几乎是自动运作，也是我们最难观察到的。

我要提醒的是，要看穿这个世界——醒觉，其实跟我们的情绪、我们的批判一点都不相关。

我常常用英文说Every-thing is no more than a judgment call. ——我们头脑想出来全部的念头和看法，讲出来的话，感受到的情绪与体验，最多只是一个批判。是我们人为造出一个好坏的观念，其实都是虚的。

不仅眼前的东西是虚的，连我们加上一个念头的好或坏都是虚的。接下来，连我们感受的好坏，一样是虚的。再接下来，一连串的好或坏的反应，也还只是虚的。

一个人假如好坏都可以放过——好的念头、坏的念头，好的情绪、坏的情绪都可以放过，他自然发现好像对样样不再有那么强烈的批判。

甚至，好的念头、坏的念头，好的情绪、坏的情绪，其实跟我们再也不相关了。我们除了发现对样样再也不需要再做一个批判或判断，甚至还会发现，任何判断——而我们其实随时都在批判——一样离不开头脑的产物。

一个人不做批判，自然发现自己安静下来，而会选择沉默。面对眼前的人事物，也自然不去做任何批判。不光如此，连一般人认为很单纯的表达“天气真好”“又下雨了”“阳光好刺眼”“风吹来好凉”“糟糕，忘记这件事了”“真是倒霉，怎么会没有想起来”……也不会想再讲，甚至根本讲不出来。

到这个时候，一个人心里明白，任何可以讲出来的东西，包括任何表达，最多还只是个批判或判断，一样离不开头脑的运作。选择不表达，最多其实也只是在肯定这个宇宙没有一个角落需要我们修正，没有一个角落有什么缺点。任何可以说的话，不光是多余，最多也只是显示了自己的无知或局限。假如我们还有任何体验可以谈，无论是好、是坏、是高、是低、是粗重、是微细，本身还是在头脑的范围里运作，一样离不开因—果。

这一点，我在这里想再一次提醒。

毕竟，过去几十年来，我所接触到的修行者，都还是在用个人的体验来表达意识的状态。甚至会认为，有一种经验叫醒觉。这种观念，本身就已经找错了切入点。

我们在这里就算不谈切入点，光是从最简单的原则来看，只要有个点可以注意、观察、描述，本身就又是头脑的作业。让我们继续束缚自己，而且跟解脱、醒觉其实没有一点关系。假如可以落在沉默、定在沉默，还比较接近。然而，我在“全部生命系列”中所谈的沉默，其实是绝对的观念，跟有没有声音，一点关系都没有。

针对眼前的状况，不再加上一层反弹，包括批判、判断，才是真正的沉默。通过沉默，我们最多只是肯定，从人生的任何角落，都可以轻松把绝对找回来。不会让眼前的任何状况把我们带走，而让我们需要投入这个人间。

我们最多只是轻松地运作，该听就听，该讲话就讲话，该做就做。这一切，其实与绝对没有一点关系，最多只是反映这个身心的运转。绝对是我们的本性，我才会说，沉默最多是我们的本质。不需要去追求，也不需要用任何形容词来描述。

只有懂得留在沉默，一个人才突然发现他不需要去干涉这个世界的任何角落，没有必要刻意去转变什么或得到什么。他最多，是变成一个见证者。我常用 contemplative（默观者）这个词表达一个人随时在

关注这个世界，而心中充满沉默。这本身就是最好的 *sādhana*，是最好的练习方式。

不要小看这种不费力的不做，从头脑的层面、世界的层面来谈，一个人进入这种状态，他的频率和螺旋场其实是最高的。是通过他，自然把地球的整个螺旋场提升。我常说，地球的演化，其实是靠这样子的少数人随时观察这个世界，不一定要通过做和动，就已经影响到全人类的发展，守住地球全部的潜能，甚至让它发出来。

但是，我相信，你读到这里，也会发现连这几句话都是比喻。

不光“地球”本身离不开头脑的产物，包括“演化”“人类的发展”“全部的潜能”也一样离不开头脑的运作。是我们还认为有个地球、有个人间可谈，我才会提到默观，就好像默观还有一个角色或功能可以发挥似的。

反过来，一个人假如彻底醒觉，最多只剩下一片宁静。

23
自由

懂了前面谈的这些，我们自然解开探讨“自不自由”这个主题所带来的矛盾。

我过去不断提醒你我，这一生唯一的自由，是不对眼前的状况做个反弹。我知道，许多朋友不仅听不懂，而且感觉这些话带来很多矛盾。我们一般人会认为，自己本来就有自由，怎么可能连自由都没有？而更难接受的是——要自由，唯一的方法，竟然只是对眼前的事不反弹？自然会认定这是不合理的。

我们很少想到，既然全部都是头脑延伸出来的东西——这个世界、你、我——都是头脑的产物，都是虚拟的状态。在这样的现实下，假如还要强调我们有自由，本身才是矛盾。

我们一方面不断肯定、不停强化这个头脑的虚拟现实，认为它就是真实。那么，要谈自不自由，这本身是个幻想。

让我再回到之前的比喻，在这种处境下的我们，要强调自己是自由或不自由，其实和在沙漠里着迷于海市蜃楼的那个人没有两样。这种辩论，本身并没有什么意义。我们即使耗尽一生谈这个主题，一样也没有什么意义可谈。我们在这个人生可以体验到、感受到的一切，全部都是头脑的产物、头脑的东西。任何结论，我们可以得到的，都是在一个虚拟的境界里得到的幻想，跟真实不相关。

我们对样样不再做一个反弹，也只是充分活出这个领悟——肯定眼前的一切都是头脑的产物，而不需要再去做一个反弹。如果还有什么要“做”，最多是轻轻松松让眼前的一切自己来,自己走,自己展开自己。

业力本来是生命最根本的机制，只是我们平常看不到。这样一来，我们反而突然看到业力的动机，它怎么来，怎么走。业力，本来是全部痛苦的根源，突然之间，业力不再干涉你我，回复它本来的中立。就好像业力放过你我，我们也放过它。

既然业力是个限制或束缚的机制，从人间的角度来看，唯一的自由最多也只是不把自己等同于它。对这个机制，不再带一层肯定，随它自己运作。只要抱着这种态度，不去进一步承认这个机制，不陷入这个机制而跟它一起运作，它自然也会离开你我。业力是虚的，从这个人间的角度，我们的自由最多也只是——不跟一个虚构的机制再产生任何关系。

当然，从整体来看，其实什么都没有发生。你我做不做，跟整体也不相关。你我本来是自由的，而这一切本来都不存在。在这上面做文章，或者对业力抱持什么态度，对整体，也没有什么意义。

假如把业力当作头脑的产物，这么一来，一个人轻轻松松让业力来，让业力走，最多是当作一个见证者。头脑也就不再有一个落差、差异和摩擦，念头也起不来。业力既然是头脑的产物和机制，也跟着起不来。它来了，你没有对付它，只是放过它，它也就轻松地散掉了。

这就是唯一的一个自由，我们在这个人生可能有的。面对虚的东西，我们不是去干涉它，不是去刻意转变它而再带来一个阻碍。反而是不理它，让它轻轻松松转过去，浮出它自己。

我才会说，不继续肯定这虚拟的世界，是唯一可谈的“自由”。不去反弹，最多也只是不断地肯定眼前所看到的一切就像海市蜃楼，只是虚拟的境界。同时，不反弹，也就等同于我们不断肯定、承担自己真正的身份。这个身份，比我们在人间所看到的一切，远远更大。甚至，可以说是不相关的。

其实，这一生唯一有的自由，也只是知道你我本来就是自由的，从来没有不自由过。我们只是随时落在人间的意识层面，也就突然认为自己不自由，而还有一个自不自由好谈的。

这样子，一个人会突然发现自由就是自己的本质，从来没有离开过。只是回到这个人间，也就失去了这个自由，而让人间的自由骗了我们一生。人间的自由其实不是真正的自由，只是配合业力的运作，带给我们一个虚的自由的观念。

我相信你已经理解，连这句话，一样最多是个比喻，本身并不符合理性或逻辑。其实，就连“自由”两个字都还含着一种对立，好像还可以分别出自由和不自由。毕竟，假如眼前所看、体会到的，都是头脑的产物，都是幻觉，不去肯定它，是我们本来就该做的，跟自由不自由不相关。最多，我们只能借用这样的比喻来表达，承担我们真正的身份，而这个真正的身份和人间一点都没有关系，这才是我们唯一可谈的自由。

自由，最多也只是肯定，我们老早住在一体或全部，倒没有任何动机在别的地方找到什么，而把它认定成真实。“样样都可以放过”本身就是不断地肯定我们这种领悟。

自由这种说法，最多也只是表达我们的理解——知道过去被骗，现在通过醒觉，再也不会让它继续骗我们。这个领悟，本身最多也只是在反映 *netti netti*“不是这个，不是这个”。

这种提醒，其实带来了你我这一生唯一的一把钥匙，让我们从幻觉走出来。通过这种不合理的自由，在人间对任何状态，不要做进一步的反弹，我们就已经在不断肯定最后修行的结果。

这个结果，本身最多也只是一体、全部、在、心、绝对、空。除了它以外，什么都没有。甚至“有”“没有”跟真正的我也一点都不相关。假如还可以提出来任何东西和我们的本性相关，就又是一个因–果造成的束缚，不过是让我们继续捆绑自己。

24 谦虚

如果你读到这里，一点都不惊讶，认为符合自己的理解或领悟，而且这些领悟随时在心中浮出来，你也自然懂了什么叫谦虚。

我在这里讲的谦虚，是大谦虚。

我们既然知道，一切都是头脑的产物，那接下来，也不需要去改造这个世界。甚至，没有世界可以改造。世界本身，不过是头脑再加上业力和因–果的作用。我常常说，这种改造，就像我们看到在一个海市蜃楼的画面里，一个人想救骆驼，甚至想种点花，种点树，好好改善沙漠的土质。从旁观者的角度来看，当然会觉得这是不可思议的可笑。同样地，我们非要去改造一个虚构的世界，把我们个人人生的目标和一切的意

义，跟这个世界的改变全部绑在一起，本身也是一个大妄想。

我过去才不断地说，一个人要先把自己找回来，彻底理解自己是谁。找到了，自然知道还有没有世界可救。就算还有一个世界可救，至少知道接下来要怎么去救。也就是说，把自己找回来，自然是比人生其他的作业都更重要。

大谦虚，最多也只是领悟到前面这几句话。知道一切在这世界都是刚刚好，没有一个角落需要修正，全部都是过去因—果的组合。面对因—果的种种组合，我们没有资格，也没有必要去判断好坏或它该不该发生。其实，发生本身是虚构的。站在整体，什么都没有发生过，更不用讲还有什么东西应不应该发生，甚至还需要修正。

这么一来，我们全部自然可以放过。心里也明白，就连“放过”都只是比喻，不需要去提。毕竟全部都是虚拟的，讲“放过”，等于又再加了一个不需要的层面。好像我们不仅肯定眼前虚构的现实，还要多做一个动作来放过它。

一个人真正的谦虚，是体会到没有什么东西可以放过的，也就让任何东西——好好、坏坏、伤痛不伤痛、欢喜不欢喜、好命不好命、喜欢不喜欢、公平不公平、爱不爱、被爱不被爱——全部，都让它来，都让它走。我们再也不需要去干涉它。

这种领悟，我们也可以带到爱、欢喜、宁静，任何被我们认为是生命的特质。

我们自然会发现，没有什么人或东西可以爱或不爱，甚至没有东西可能带来欢喜或不欢喜，宁静、不宁静，完美、不完美。最后，我们连一句话都讲不出来。没有一句话，能归纳我们眼前看到的一切。

想不到的是，要把我们眼前全部的特质挪开，否定一切，我们最后才自然体会到什么叫绝对。而绝对本身，就是沉默、欢喜、爱、宁静、一切。

25 你还有什么责任可以承担？

读到这里，我相信你已经发现，自己的许多问题或障碍，并不是想象的那么严重。甚至，也没有什么绝对的重要性了。

既然一切都是头脑的产物，没有什么重大的失落是我们不能克服的，或者会带来身心永久的伤害。

甚至，进一步，我们可能发现，其实，没有人想伤害我们，也没有东西是刻意给我们带来刺激。甚至，也没有什么东西可以或需要改变我们的生命。

我们过去所做的区隔——好坏、顺不顺——其实都离不开头脑的作业，而一切都是头脑在做分别和区隔，延伸出一个好、坏的观念。我们其实不是受害者，也不是加害者，什么都不是。突然发现自己什么都不是，我们才开始真正地自由起来。

接下来，我们其实不用再去追究责任。毕竟，也没有一个“我”或“你”可以承担任何责任，这本身都是头脑的幻觉。“我”本身只是头脑的产物，去怪罪“我”，更是不需要的。我们没有必要追究自己或别人犯过的错，也没有必要去分析过去种种的经过，无论这些经历曾经带来多大的伤痛。

我们突然发现，过去所重视的，认为对每个点点滴滴的动作都要承担责任，这个观念本身也是个大妄想。不光责任本身是人间化出来的一个虚构的现实，而且，就连“谁”可以负责，都不存在，根本还是头脑的产物。要谈责任，最多只是带给自己不需要的负担，让我们在人间所建立的游戏里，不断地肯定游戏的规则，要扮演其中某一个角色，接下来还对这个角色再加上种种的评价。

谈这些，倒不是说一个人就要突然“不负责任”，认为可以伤害别人或做不妥当的事。假如有这种理解，本身又是个大的误会。毕竟，只要我们认为这个世界存在，当然还是要受业力的作用，也会从业力得到妥当的后果——好的或坏的。一个人彻底看穿这个世界，完全明白这世界是头脑的产物，才会突然体会到，业力本身也离不开头脑的运作，跟真正的自己老早已经不相关。

但是不用担心，一个人真正看穿了这个世界，反而每一个动作、每一个念头都会是友善的。即使清楚知道外围的人、事、物、世界都是头脑的东西，他还是选择对全部外围的生命，不仅是人类、动物，还包括植物、矿物，都表达最高的尊重。通过这种善意，不断肯定自己跟周边是平等的。知道一切都是头脑的产物。肯定自己，肯定周边，最多也是对整体不断地肯定。通过每一个动作，都带来恩典。

我前面所强调的，是希望你我走出人间的失落，不要再继续分析自己或别人过去犯了什么错，不再苦苦回想是不是当初没有做什么或讲什么，人生的结果就会不一样，甚至还想回去弥补。这种责备或忏悔，不仅没有给自己带来一个出口，反而让我们不断陷入过去虚构的现实，要通过人生一再重复、再重复过去的悲伤。

反过来，一个人突然知道，过去、现在、未来全部的生命，都是头脑的产物，也就突然肯定了生命最原初的力量或生命的流。明白这一生，从出生到现在，自己所体会到的，全部都老早已经是注定的。是我们离不开业力的法，离不开头脑的运作，认为样样都是真的、都坚实，才受业力的捉弄。

既然全部都是注定，去计较、去后悔、去刻意转变，都是多余，只会给自己带来更多痛苦。晓得这个业力所安排的一切，本身还是头脑的运作，而且，正是我们过去肯定它，才一次又一次地限制、束缚自己。我们才更需要进入生命的另一个轨道，做一个彻底的反省，接下来不断地提醒自己——真正的自己，其实跟这个人间不相关。

我们有一个完美、永恒的部分，让我们随时把它找回来。

完美与永恒，等着我们随时承认我们就是它。

就那么简单，我们也就自然脱离过去所有的痛苦和悲伤。不要再带来一个对立。甚至，连一个肯定都不用再做，也就让它通过我们扫描过去。

这种随时的领悟，才叫臣服。

臣服，本身含着最高的理解。而这个理解，最多只是我们肯定自己的地位。这个地位，最多也只是一体。是绝对，是爱，是平安，是欢喜。

全部这些特质，跟我们人间的问题都不相关。人间没有任何事可以相提并论。虽然如此，我们也知道这就是我们这一生想活出来的，只是过去认为它是人间某一种相对的特质，让我们不断在人间追求。没想到，过去追求的切入点或方向都是错的。

这种对臣服的理解，跟“I Am.”是一样的意思。无论念或不念出声音，这时候，我们其实都在一个肯定当中——肯定这个宇宙有一个远远更大的力量，会带着我们走出来。无论眼前多大的失落、多大的损失、多大的悲伤，它都可以带我们走出来。我们最多是相信，并把自己全部交给它。

最后，我们在人间走出来或不走出来，成功或失败，都不重要。连这一生醒过来或不醒过来，也不重要了。我们可以投入一体，肯定一体，交给一体，已经是最高的真实。接下来再多的变化，都是多余的。

我才会说，“全部生命系列”是最好的心理疗愈。但是，并不只是重大的失落、悲伤和创伤才需要这种心理的疗愈。其实，我们每一个人都需要。

毕竟，我们只要一生到这个世界，才张开眼就已经受到创伤。突然之间，我们落到一个念头的境界，而把这个念头的境界完全当作真实。然而，这种念头虚拟出来的境界，最多只是无常。有了生，一定会有死。有好，一定会有坏。有快乐，一定会有痛心。这种无常，就是你我这一生都要体会到的，没有一个人可以逃掉。

这种创伤，大到一个地步，会让我们每一个人忘记自己的身份，我才会通过《集体的失忆》来谈，希望你我能想起自己真正的身份——真实，一体。

26
头脑其实不是你的朋友

我过去提过，头脑最多只是我们的工具，让我们可以在这个世界操作。但一般没料想到的是，头脑本身就是我们全部人生问题和烦恼的根源。

然而，这么讲，也并不完全正确。其实，烦恼本身是头脑的产物，跟头脑一样是虚的，没有一个本质。假如我们仔细分析任何烦恼和失落，也会发现都是一样的，根本没有实质好谈。

虽然如此，我们生在这个头脑的世界，随时都在头脑的架构里运作，即使明白这一点，也没有用。我们当然还是受到头脑和世界的影响。

头脑要运作，一定要通过不断地比较，才可以产生意思或得到意义。假如突然失掉比较的功能，或者这个比较对过去的推理造出矛盾，头脑当然会受到刺激，感到威胁，也就好像自己会被消灭一样。

我们通常讲“我”会受到生命的威胁，也是一样的意思。我们每个人都有一种最深的恐惧，也许是怕被淹死，也许是怕被火烧死，也许是害怕自己没办法达到别人的期待。会恐惧，就是因为小我会抵抗，不仅不希望自己生命被消失，甚至，就连在别人的眼里也不希望被消失。不只是失去这个身体会带来威胁，就连失去念头，也带给头脑同样的危机，等于是推翻了它全部的存有和价值。

只要有任何威胁它存有的可能，头脑一定会抗议，甚至自然把它排除。假如排除不掉，头脑自然会带着我们延伸这二元对立，让我们走到最后，没有第二条路。接下来，最多只能附和它。

我才会说，头脑不是我们的朋友，它最多是“我”的伙伴。它存在的用意，完全是为了强化、肯定小我的存在。

例如，头脑可能让我们对这个人间不满，希望找出一条路。但是，所找出来的，总是全部落在物质的层面，一样还是头脑的东西。举例来说，一个人如果穷，会希望有钱。被人瞧不起的，就希望能成名，想要有地位。没有这些，会让我们觉得不如人，甚至心里受伤。

但是，可以试试看，就算这些希望都能如愿了，我们接下来还是会不满足。前面也提过，通过“享乐适应”的机制，让我们对快乐的期待只要一得到满足，接下来就进入一个不快乐的状态。我们也就突然又把目标转到别的地方，一样还是头脑的东西。就像在人间，好像永远有一件事要等着我们去完成，而这个清

单是忙不完的。

也有少数的朋友，可能对世界不满，而往内心投入。但这种倾向，一样还是头脑的运作。这些朋友自然会认为，内心或更微细的层面，是比我们这个世界更踏实，好像比这个人间更值得投入。在新时代的圈子中，我认为这种心态特别明显。一个人会自然更投入脉轮的练习，追求微细能量的变化，通过种种转变，包括各种看不到但可以体会的现象，建立另一个虚的现实。

为此，我不断提醒，通过这个身心是不可能解脱的，不可能通过它可以回到一体。一个人进入再微细的状态，一样还是头脑的产物，和永恒的无限在不同的层面。走到后来，也只会充满失望，认为自己修行几十年还是得不到答案。最后，也只好回到本来所不满的人间。或是，可能再一次鼓起勇气，再找另外一位老师，投入另外一个法门。

我才不断地通过“全部生命系列”，想做一个直接的对话。这个对话，是心对心的对话。只有心可以听懂，而不会产生悖论。通过头脑，这里或其他作品的许多观念，自然会带出矛盾，而为头脑提供一个充分的理由将它排除。

我认为最有意思的是，我过去举办过一些活动，希望每一位朋友直接用心来体会。一个人只要很诚恳地投入，自然会发现通过这些活动，心会达到没有念头、很平安的状态。甚至，体会到一种过去没有体验过的欢喜。但是，一开始追究在这个活动学到了什么，可以分享什么、转达什么，有什么知识可以消化，也就又回到人间的一个小角落，让头脑的运作又浮出来。甚至，接下来他可能就开始贬低、否定或质疑，认为这些活动也没有原本想象的那么重要。

我只能这么说，头脑可能重视或取得的“东西”，没有一样会跟我们的本质、本性有任何共同点。一个人要彻底醒觉，首先心态要有一个彻底的转变。接下来，把每一个念头，眼前看的境界，都变成平等，而不是特别重视或排斥它。可以让它来，也可以让它走。

我会强调用“平等”的态度来看一切，是因为你我就是想排斥任何东西，也排除不了。任何东西，本身是虚的。你用来排斥它的工具，甚至“谁”在排斥，一样都是头脑虚构的产物。排斥、拒绝或舍弃，本身又进入了另一个错觉。

这其实还含着臣服的理解。

我才会强调，让头脑来取消自己的念头，本身是从一个幻觉，再延伸一个幻觉，甚至延伸出第三个，来处理第一个幻觉。这种手法，就像过去大圣人所讲的，假如把念头当作小偷，就像请小偷来充当警察，帮助我们抓小偷，表面上是不可能的。

从这个角度，我相信你可以理解，要通过静坐突然醒觉，一样是不可能的。静坐，无论任何方法，只是带来集中，更深层面的专注。让我们把看的人、看的东西合一，也就是消失念头。不光如此，静坐是从“有”、从人间出发——还有个人在静坐，还有静坐，还有要专注的对象。然而，静坐、在静坐的人、专注的对象，本身都是头脑的产物。我们不可能把自己落在这个人、这个身心，可以醒过来。这一点，和前面所说的道理是一致的。

消失念头，最多是让给一体一点空间，让它浮出来。最后，我们不是通过这个身心可以找到一体，而最多只是把这个阻碍（头脑）挪开，一体自然就在眼前，就在心中。

要做的，其实比我们想的更简单，最多只需要跟一体全部接轨、插对头。什么意思？一个人，最多只需要通过头脑，肯定自己本来就有的身份，而且，只是一再地肯定。虽然前面提过表面上不可能，但很有趣的是，你让念头集中在一体，不断地想到一体，和一体合一，也就不知不觉被它吞掉了，被它拉到心里面。

彻底把自己的身份落在全部、一体——本来就有、现在就在等着我们的部分。这样一来，不知不觉，也就被自己吸收进去，被它吞掉。这，才是真正正确的方法。

只是一讲方法，就会发现自己又已经被带走了。因为，这是个没有方法的方法。

怎么说？这种“方法”，最多只是在肯定真实。只是在承认你我本来就有的。所以，也不能称为方法。然而，这是古往今来的大圣人都懂、也是唯一的一个“方法”，让我们这一生可以跳出来。

全部的修行，到最后，也只是懂这一点。

我才会不断地讲，一切，甚至连修行，我在这个世界所看到、听到的，跟事实都是颠倒的。也就这样，我才会不断提醒你，这里所带来的练习，最多只是一种提醒，提醒自己本来就有，本来就是的，而且，事实是刚好相反，并不是这个本来就有的部分没有了或消失，而最多只是我们自己通过念头，好像盖掉了这个本来就有的部分。

但是，这么讲也不正确。要盖掉，也是做不到的。是我们完全迷失在身心当中，才有一个盖掉或浮出来的观念可谈。前面这些话，还是站在这具身心的角度在看一体。

假如我们随时住在一体，也就自然发现什么都盖不住它。只有它是真的，只有它存在。其他，都是暂时的，来来去去。生了，也就死了。

一切可以体会到的，我们只要不去干涉它，它们自然会来，也会自然走。唯一剩下的，来不了，也走不掉的，最多也只是永恒。

27 参的作用

用同样的角度来分析，我们自然会发现，过去所提到的参，最多也只是在肯定——一切，都是头脑的产物。一切，眼前人生可以看到、体会到、经验到的，全部都是头脑的东西。

参“我是谁？”“为谁，有这些念头？”“为谁，有这些境界？”“对谁，还有世界好谈的？”全部这些，最多都是带到同一个点。这个点，是在念头起伏之前。是还没有一个点的点。本身，是一个绝对的观念。

参，是希望提醒我们，追察到最后，从一个相对的范围（人间的变化）得不到一个最终的因。最后，只剩下“空”或“绝对”。然而，这个绝对是不允许任何语言或念头来描述的。只要还可以描述出来，还是一个相对的观念，是我们头脑的运作。

跟前面所谈的一样，参最多是一个提醒，倒不是一个练习或静坐的方法。它只是承认我们已经在家了。既然在家，最多只是不断提醒自己。

这种反复的手法，我认为是唯一符合事实的方法。把修行的结果、过程和整个方法，全部都落在同一个层面。而这个层面，最多只是绝对或一体。也就好像通过这些方法，一体最多只是在提醒自己就是它。除了它，没有第二个体——没有别人，没有别的东西，没有小我，没有其他的人，没有世界，没有任何东西可谈。

这里用“提醒”来表达，其实也不是那么正确。一体不需要提醒自己。最多是我们迷路了，把自己的身份搞错了，才需要通过提醒，把自己找回来。如果真的还需要用语言来表达，或许比较贴切的说法可以是“relaxed to yourself”轻松地放松到自己。放过、放下全部头脑的东西，我们才突然可以放松到自己。

我才会不断强调，醒觉，就是我们的本质。没有醒过来之前，我们已经是一体。醒过来后，还只是一体。

在这之间，什么都没有发生，只是通过这个身心做了一个回转，突然可以反射到自己——真正的自己。

假如你真心相信这几句话，从每一个反应、每一个念头、每一个想法都认为是真实的，你的人生会完全改变。但是，讲人生改变，又是一个妄想。这个人生本来就是头脑的产物，不存在，是虚构的。又要怎么去改变？

28
It’s all OK.

你自然会发现，我通过“全部生命系列”想表达的，也就是这么一点。

真正的重点是非常简单的，简单到一个小孩子都可以听懂。就好像他受头脑的影响，不像我们受到的那么多，自然有一种心的聪明（我们称智慧）可以让孩子听得懂。我过去喜欢带领孩子读经朗诵，把他们交给古时候的大圣人。让大圣人带着他们，面对这个人间。也就好像让他们还没投入到人间，就已经让他们走出来了。

虽然从我的角度来看，其实就是那么简单。但你会发现，我已经用了多少篇幅来表达这一点点内容，试着从各种角度切入，就怕你我还是听不懂。只是，我相信你已经发现，其实连这种担心也是矛盾。毕竟，本来就应该听不懂、看不懂。无论是听和看，都离不开头脑，而头脑不可能会随便被消灭掉。看不懂、听不懂是再理所当然不过的。

你读到这里，也可能已经发现，我在之前的作品中带出来许多最简单的方法，看起来像是游戏，本身其实含着最深的意义。例如，我在很多场合带出 It's all OK. 一切都好，一切都刚刚好。许多朋友告诉我，就这几句话，带他从人生走了出来。无论人生遇到多大的问题，带着这句话，都可以跨过去。

我们仔细观察，从人生这样子走出来，其实是带着一种理解。理解什么？——一切都是头脑的产物。

既然一切都是头脑的产物，为什么我们还需要去抗议、去抵抗、去刻意转变或改善虚构的业力？只要去抵抗人生，我们最多是在肯定这个虚拟的境界。还认为有一个人生需要去变更，有一个命需要去改。

我们彻底了解这个虚拟的现实是怎么来的，那么，肯定一切都好，最多只是在肯定——它有它自己的运作，我们可以称为业力，而且，因为它符合一个法，本身还有一个寿命好谈。但是，这个寿命、这个法，跟我们真正的自己不相关。

我们肯定一切都好，最多只是把自己带回我们真正的身份。知道自己就是一体，一体就是我们，从来没有分手过。最多只需要通过“一切都好”，看穿眼前带来的画面。

我们大家都可以试试看，随时肯定“一切都好”，念头自然减少，我们也就自然进入一种生命的流，而放过这个生命。该做的，生命会带着我们做，倒是不用担心。这一生来，要完成什么，自然也会完成。然而，完成或不完成，已经彻底不重要了。我们知道，全部这一切，都是头脑的产物。重视它，或不重视它，本身也是多余的。

这么一来，我们才真正自由起来。我们每一口呼吸，突然变长，也就好像是第一次真正的深呼吸。通过每一口呼吸，我们最多只在提醒自己真正是谁，和天地，全部都合一了。

这一口呼吸，也把它当作最后一个呼吸。我们每一个瞬间，自然拉长，也就变成了永恒。我们突然发现，自己自然活在 eternal now——永恒的现在。

29
就是 As Is

It is as is.

It is always already as is.

It is just as is.

既然我们懂了一切都好……

一切都是如此。

一切本来老早都如此。

一切只可能如此。

假如这几句话，你都可以认同，那就太好了。如果你可以彻底做到或体会到一切都OK，而随时可以让这种领悟浮出来，你自然也会发现，OK或不OK还是人的投射，本身还是头脑的产物。是我们人的判断，才希望刻意加上一层OK。

眼前的任何东西，跟我们认为好不好，其实都不相关。眼前的东西，本身就是头脑的产物。无论我们肯定或不肯定，最多是在一个虚构的架构里，再做一个虚拟的肯定。都是多余的。

这种练习，最多只是给我们带来一个头脑的刹车，让我们突然体会到——宇宙不会刻意来欺负我们。我们不是什么受害者。也没有走什么冤枉路。这一来，自然可以从自己的烦恼中跳出来。

最多只是这样子。

一个人也就自然进入沉默。接下来，也不会去肯定或不肯定眼前的一切。最多，只是让它来，让它走。知道眼前的任何现象，不光是人事，包括任何东西，都是头脑过去的运作组合延伸出来的。跟我们真正的自己——一体，最多只能说做一个重叠。我们可以轻松地选择不去干涉——不干涉一切，让一切扫描过去。就像雨或风飘过去，而我们自然选择定在一体，定在全部，定在绝对。

倒不是从一体看着这个世界，最多，只是轻松地觉。

觉什么？都不重要。我们知道，人间的一切已经是老早安排好的。然而，我们真正的自己，倒不靠人间的任何变化或眼前的现象来定义。

这种信心或信仰，我过去把它称为大的信仰，是一个人臣服到真正的自己，把这个小我交给大我，甚至交给全部。接下来，只剩下一个东西，我们没办法描述出来，最多只能称为“觉”。

我过去在很多场合提到，无梦的深睡含着这一生最重要的一把钥匙。假如一个人可以清醒地知道自己在睡觉，而随时在白天清醒的时候，或者夜里做梦的时候，都知道，一个人只可能是醒觉的。

知道什么？最多只是觉。

觉察到什么？什么都没有。最多还只是觉。

相对地，一个人在白天清醒的时候，也随时可以体会到无梦深睡。无梦深睡跟清醒已经完全不分，也就自然懂什么是觉。

觉，不是觉察什么东西。只要我们还有一个东西好谈的，又落到一个相对的层面。

我希望以后在别的作品中再多谈一些。以前，我不敢轻易谈，因为我相信几乎没有人能听懂，但是，走到这里，你应该已经可以摸到一个边，稍微可以听懂了。我在这里最多只是交出一个话题，希望你可以把它参透。

30

为什么不醒过来？

假如臣服、参、“It’s all OK."，全部最多只是在做一个反复的提醒，那么，你可能会想问，究竟什么是修行？而修行的目的又是什么？

我相信，你自然会发现，其实没有一个东西叫修行。反过来，从古至今所谈的修行，本身还是一个头脑的产物，离不开一种虚拟的追求。好像认为通过“修行”，我们可以把真实找回来。

但是，站在真实的角度来看（假如可以这么说的话），一切都是永恒的。从来没有一个生，也没有一个死，哪里来的修行可谈？不仅没有一个修行，人生也没有一个目的或用意可谈。如果我们可以从人生得到一个目的，这本身又只可能是头脑的产物。

有些朋友，听到这几句话，会认为我强调的不过是“空”的观念。同样地，这种认为也只是头脑的产物。我们一般人讲“空”，是当作一个“有”的对等来谈，并没有真正领悟到什么叫“空”。所以，我过去也很少用这个字。

我发现，就连这一点观念，和一般人所体会到的又是刚好颠倒，才会用全部、一体、在、心、神、佛性、本性来描述它。

一个人随时可以轻轻松松地醒过来，因为确实没有一个东西叫醒觉。我才敢这么讲——只要诚恳地下一个决心，也就醒过来了。醒觉，不靠层次，不靠方法，没有过程。它本身就是我们的本性。最多，我们只要承认它，住在它。

除了它，没有其他的东西。其他的东西，都是虚构的。站在其他的东西来看它，不仅是一个幻觉，还相当可惜地要耽误这一生的生命。即使一次又一次地回来，也还只可能是站在外面，看着里面。当然，从外面，看着里面，这本身也只是一个个人的选择。是自己把身份搞错了，才有这种状态好谈。

假如一个人已经知道，没有一个东西叫醒觉，也就醒过来了。也就发现，有些修行人辩论是顿悟还是渐悟，是突然还是逐渐地醒觉——这种辩论本身就是个大妄想，只是在“相对”和“绝对”之间的差异着手。而这个切入点，是完全没有必要的。

醒觉，是一个绝对的观念。那么，当然只有彻底而突然的转变，不可能还有中间过渡的层次或阶段。就连讲“顿悟”，都还不正确。因为“悟”可以说比顿还顿，比突然更突然。相对和绝对，是两个不同的轨道。假如还是要找一个方法来表达，最多是“顿”悟，但其实比顿悟还更顿悟。

这个比较，也就好像想从“有限”一步步走到“无限”。“无限”是超过任何世间的观念，不能用任何世间的观念去概括。假如我们用时间讲“顿”或“渐”“突然”或“逐渐”，这本身又是一个时间的陷阱。这时，我们还是站在局限的脑在说话。整体，是无限大的永恒。它不允许任何时间的观念。只是我们受到语言的限制，最多也只能勉强用“顿悟”来表达。

这也是为什么，我不断强调，没有什么方法

有这个力道会让你醒过来。甚至，“It’s OK.”“I Am.（我—在）”这些练习，也不会让你醒过来。假如它们有作用，最多是扮演一个提醒的角色。

然而，一个人假如清楚了，都懂了，为什么还不选择醒过来？既然知道全世界都是头脑的产物，就连头脑，也还是头脑的产物。那么，为什么不要选择醒过来？这一点，只有你我自己可以回答。

醒过来之后，会发现过去认为是真实的，全部都是头脑的东西。连全部的法，包括“全部生命系列”想表达的，也还是头脑的产物。一切，都没有绝对的重要性，也不可能有绝对的重要性。

醒过来之后，发现走了许多冤枉路，才终于明白。但是，明白什么，也讲不出来，最多是有没有走过什么冤枉路。其实，就连这一点反省，本身还是妄想。没有什么路可走，也从来没有走过。连这个路，也是头脑的产物。你这个醒觉过来的人，更不用讲，一样是头脑的产物。

接下来，最多，只是涅槃。

31

“在·觉·乐”又是什么？

过去，我花了很多篇幅谈什么是“在·觉·乐”（*sat-chit- ānanda*）——一个人住“在”，也就轻轻松松在觉，而通过觉，自然进入乐。我指的是大喜乐，大欢喜。

然而，到这里，我们会突然发现，任何观念，甚至连“在·觉·乐”、大欢喜、大爱……只要可以表达出来，全部还是头脑的产物。

毕竟我们还是要用语言去沟通，也就借用这些字眼，来表达一种无法言喻的状态。无法言喻，因为它是一个绝对的范围，不可能用一个相对的语言来表达。最多是用语言稍微靠近，略略点到。

重点是，这个讲不出来、无法表达、无法言喻的绝对的状态，是我们每个人轻轻松松可以进入的。它本来就是我们的本质。然而，重点还不是进入不进入。它不是通过“进”或“入”可以进入的。最多，我们只是需要承认有这个状态，而自己的身份本来就是这个状态。我才会说，它是一种不费力的状态，随时在等着我们。

这样的状态，我们通过人间的变化或东西，当然是找不到的。毕竟，只要一讲出来，一落成“话”，在我们头脑中又造出一个相对的比喻，让头脑可以不断做比较。

虽然，在人间，我们没办法真的去理解、去体会这些状态。但是，好像从某一个层面，我们都懂。甚至，我们每一个人都体会过，而自然会珍惜它们，随时想把它们找回来。

这个观念，可能又跟我们一般人的想法是颠倒的。就是我们每个人本来就有，只是有时候又认为失掉了，才自然会想把它一再地找回来。就连我们神经和头脑的架构，一直都在准备我们可以去得到它。我在《短路》中提过，我们就连在深睡中都可以体会到无思带来的一种最深的平安、最大的休息，就好像在某一个层面，我们其实都记得。

这些状态本来是我们的本质，只是我们居然都忘记了，反而把这些状态变成我们往外追求的目标。我们每个人这一生也就都好像在追求爱、快乐、平安。这些状态，也自然变成我们人生最高的目标、最高的追求。

然而，这些状态，不只是我们本来都有的本质。一个人彻底醒过来后，其实不会用“在·觉·乐”或任何形容来表达自己的状态，最多只是停留在沉默。他没有什么东西要跟别人分享，更没有什么作品会想留下来。最多只是平安地通过每一个瞬间，体会到不可思议的奇迹，而发现这种状态是每一个人本来都有的，也没有什么特别稀奇而好想去表达、专注它或和别人分享。

这也就是“全部生命系列”所带出来最大的悖论。然而，这个悖论是头脑不可能理解的。最多，是把它活出来。

32
那么，修行又在修什么？

修行，其实是为“我”才有的。假如没有“我”，就没有什么东西叫修行。任何修行，都是通过“我”。最多对自己做一个反省、理解，知道这个小我是虚的——这才叫修行。甚至，连我在这里谈的臣服、参，再加上“I Am.”都还是头脑的产物。[1]

---

① 我在这里要说明，提出这一点，并不是我对任何修行的功夫或练习有任何负面看法。事实上，我个人在很多场合和活动中也喜欢用各种瑜伽和静坐的方法带着大家练习，不仅可以让头脑专注，对健康也有很大的帮助。

重点其实不在于做或不做这些练习或要不要下功夫，而是在于我们做这些练习的起心动念。懂了这些，通过“全部生命系列”，反而可以为你我本来的练习做一个互补，而让练习发挥更大的作用。一个人只要清楚，可以放下“我”，在这些练习上反而可能还做得更好（假如好不好对你还重要的话）。

讲到参，我用这里的四张图再做一个比喻。

一个人本来好好地活在一个虚拟的世界，把全部虚构的现实当作真的，从小到大，都很认真地投入这个生命。但是，总是有一天，成熟了，突然发现好像生命不至于只是眼前所看到的现象，自然好奇——开始寻、开始找眼前真实的来源，也就这样投入了参。

我想知道
问题是怎么来的，
我想要疗愈，
想知道创伤怎么来的

突然，我们通过头脑产生一些疑问“世界怎么来的？”“头脑怎么来的？”“问题怎么来的？”“创伤怎么来的？”一个虚的体，产生一个虚的念头，再加上一个虚的提问，而可以得到一个虚的答案。接下来，答案，当然是——我，我制造这虚的世界，虚的念头。

到最后，问这个问题，当然没有回答。

也就通过这种方法，让念头里这个虚的人，体会到没有一个东西可以产生念头。甚至，也没有东西可以称为念头。我们再怎么追根究底，都追察不到它的根源。

是通过这种参，贴着一个虚构的念头，一直走到虚构的根源。到最后，发现什么都没有，没有头，也没有尾，甚至连问的人都没有。

也就这样子，一个人头脑打开了。自然知道，全部想找的答案，就是自己。除了自己，其他什么都没有。

这个自己，本身就是一体，是全部。停留在它，本身已经找到了全部的解答。接下来，一句话也讲不出来。一个念头，也懒得想。

谁，认为这是真的?
谁，认为有受伤?

原来自己从来没有离开过家。

只是因为有念头，才认为离开过家。

臣服，最多也只是停留在自己，肯定自己就是全部过去想找的。肯定我们老早已经圆满。在我们自己之上，加不上任何一个东西。甚至，就连一个念头也加不上，也不可能跟真正的自己相关。臣服，最多也只是肯定真实，而进一步再肯定没有一个东西叫真实。

“I Am.”或“我－在”，最多也只是在提醒自己真正的身份。这个自己，本身就是全部。全部都是，也同时全部都不是——它跟是或不是没有关系。只要我们想去表达、描述它，又增加了一个虚拟的层面。最多，只能用“我－在”来提醒自己——自己就是在。到处都在。在到底。只要这个身体还没有生出来，就在。这个身体走后，还是在。没有一个东西不在。

走到这里，所有的练习，包括反复的提醒，其实都是多余的。都是在一个虚构的楼台上，再多加一层。好像要给它再多一点重量，让这栋本来就没有的楼台可以倒塌。

塌到哪里？哪里都没有。出发点，本来就没有任何东西。

没有，就是我们的全部。

你看，我们还可以怎么表达呢？还可以用反复、参、臣服、“I Am.”或用任何词来表达吗？

33

轻轻松松，做一个见证者

这么一来，一个人发现，在这个人间可以看到、体验到的，没有一样还对自己有什么稀奇，而会想再重复去体验。最多，只可能做一个见证者。

虽然我之前在许多作品中提过——最多，我们对人间不要产生作用或反弹，做一个见证者，在一旁默默地观察也就够了。但我相信，你也许过去还没有真正了解。然而，现在再读这些话，可能会有另外一个层面的领悟。

一个人如果全部的欲望都没有了，没有任何人间的追求和期待，自然会发现，面对眼前样样的现实与现象，我们都可以站在一个被动的角色观察一切——观察眼前的东西、眼前的人、自己和眼前人的互动。

然而，谁在观察？自然也不会再去追究。知道一切都是从整体延伸出来的，连眼前海市蜃楼般的幻相，也是从一体延伸出来的，都离不开一体。

也就这样子，"'谁'在观察'什么'？"这个问题也就不会再起伏了。

一个人也就好像在这个人间看一场电影，而自己好像还同时在电影里面扮演某个适当的角色。一边扮演这个角色，一边欣赏这场电影。最多也只是这样子。

一个人如果可以这样子轻松告别这个人间，会发现，这个人间任何一个角落，自己都在。甚至，任何角色都可以扮演。这一生想来做什么，就做什么。但是，这个世界，跟自己已经没有关系，不会影响到真正的自己。

这种信心是完整而全面的，让我们面对任何状况、任何事情时，都知道不需要离开自己真正的身份。只是完全站在一体，站在全部，去面对这狭窄的生命。

这么一来，一个人也可以轻轻松松地度过任何表面的难关。好事、坏事不会再重视，也不会再进一步区隔。最多，只能说心里是安静的。念头需要动，自然会把它动起来，完成眼前的作业。接下来，也就把念头收回来了。也就这样子，一个人轻轻松松度过这个人生。

最有趣的是，一个人不断地做一个见证者。自然发现，通过这个见证，可以一直沿着注意的根往回走。走到最后，自然进入一个最原始、最纯的觉。我们也会发现，平常假如观察到什么东西，就已经被虚拟的世界给带走了。而最纯的觉，倒不是见证到什么东西。只是好像有个微细、轻松的知道，而知道什么，倒不重要。只是清楚地觉。

清楚地觉，并不是觉察到什么东西。假如还有一个东西可以觉察到，我们也已经被这个东西吸引走了，已经又落在一个感官的意识层面，继续建立一些东西。

可以觉，而什么都没有在觉，但还可以继续觉，不断地觉，这本身，就是最纯的觉。

它本身就在反映绝对。也是我们的本质。不光每个人都有，甚至，连动物、植物、矿物都有。没有一个东西没有。我们这一生还没有来，就已经有。走了之后，还是有。假如每一个瞬间，最多只剩下觉，自然就让每一个瞬间连起来了，变成永恒，永恒的现在。

我们也就清楚，要回到这个觉，它本来就是我们的本质，倒不需要用任何静坐或其他修行的方法去达到。静坐或任何修法，反而最多又带来一个境界或状态。一样靠不住，早晚会消失。只有回到我们本来就有的本质，才最踏实。它本身，是最稳定的状态。是我们来之前，走之后，都还在的状态。

这么一来，一个人随时可以投入人间。动、做、讲话、处理事、欣赏东西，而用完了头脑，也自然退回到觉，做一个见证者。

一个人通过这种最根本的觉，自然会发现，从早到晚，我们都是觉醒过来的。无论是在白天的清醒，还是晚上睡觉、做梦或深睡无梦，一个人随时都在觉，都在做个见证者。也才会发现，其实没有一个第四个状态或 *turiya* 可谈。

这个觉，在每一个角落，每一个时点都可以体会到。它跟我们这个人间从来没有分手过。是因为没有分手过，才可以随时不费力找到它。但是，这种找到，不是通过任何动作，最多只是我们的注意力放松或退回到源头。

假如我们在意识层面真要追根究底，还要谈一个最根本的根源，那么，“觉”本身就是最根本的状态。它本身是个完全放松、完全不动、随时都在的状态。

也就那么简单，我们轻松地完成这一生来最大的目的。

最后，连这几句话，都还是比喻。站在一体，没有什么东西叫见证，也不需要做任何见证。任何见证，不仅多余，本身还一样是二元对立，还是头脑的东西——要有一个人做见证，有一个东西被见证，才可以谈见证。

一个人，和一体合一，最多在存在。接下来，也没有什么必要去做见证。就是他懒得见证，认为任何见证都是多余的，而自然无所不在。也就这样子，样样都可以见证。

我们头脑中听到这几句话，可能认为又是一个悖论。但是，确实是如此。

34
通过沉默，找回自己

一个人进入见证，随时停留在觉，也就可以轻松地放过这个世界，做到《圣经》提到的“being in this world, but not of this world”（活在这个世界，但不属于这个世界）。也就发现，这个世界，完全是个虚构的境界。然而，我们也不用在这上面再加一层个人的意念、反应或反弹，而在虚的架构内，又延伸出更多业力。

走到这里，一个人反而真心希望将这一生告一个段落，不光不要再延伸业力，还可以让过去的业力轻松完成自己。怎么来，怎么去，真正的自己其实都不会在意。再怎么困难的事，我们都可以度过，都还可以随时停留在觉。

过去，我们会觉得这个世界不公平，认为自己是受害者，还要随时检讨自己做错了什么？为什么我们随时会被伤到？随时充满哀伤、自责，面对生命没有安全感，认为别人想刻意欺负我们，或者认为自己过去是罪人，犯了很大的错，做了很多不该做的事情……这个世界，随时还是在影响我们。

虽然我们也知道，也随时可以分析出来这个世界是幻想的境界，是头脑的世界，全部都是念头建立出来的。是通过头脑，不断强化它自己。让那些负面的念头建立很坚固的回路，不知不觉让我们重复再重复这些经验，而且把这些经验当作现在、眼前唯一的现实。哪怕我们都知道，但还是不断地受影响。念头带来的吸引力，几乎让我们没办法打断，甚至看不到边。

过去，最多是记忆。记忆是念头。

未来所有的顾虑、窝囊和烦恼，也只是念头。

甚至，现在所体会的一切，还只是念头。

从古人到现在都知道，我们能做的，最多也只是放下，放过这个世界。现在，做一个见证者。

一个人已经彻底知道，这个世界完全是虚构的。

自然选择轻轻松松停留在“在”，停留在沉默。

本来一个人可能很外向，总是不断地动，不断往外寻找注意。突然发现，自己可以宁静下来，让注意力回到自己，自然变得安静。生活习惯，也会跟着改变。从外在的世界，突然收回到内心，一个人自然宁愿沉默，胜过音乐、看书、思考、任何其他的动。

这种沉默，和静坐所带来的沉默，是不一样的。

静坐的沉默，是通过注意力和眼前的客体合一（将注意力和静坐的对象合并），让我们得到一个专注。但是，静坐结束，我们也就自然被这个世界带走（或带回来），接下来心里不安稳，或者意识变得稍微迟钝，还需要一个重新适应的过程，会感觉一种不对劲。

然而，我在这里讲的沉默，是自然的沉默，是我们每个人都有，随时可以找回来的沉默。它本身就是动和动、念和念之间的空当。甚至，就是没有这个空当，我们也可以体会到。它其实是我们最根本的状态。

停留在这个沉默，不是通过意识集中或注意可以得到，而是轻松地回转到它，放松到它。这种沉默的力量，比我们任何人想象的更大。沉默当中才有这一生全部想找的真实。

这种沉默会让人脱胎换骨，让头脑休息，带来一种彻底的宁静。我们生命的一体才可以浮出来，没有一个头脑的东西可以干涉它，可以遮住它。

只有通过沉默，我们才可以和全部的意识、一体插对头、接轨，进入沉默，准备我们投入人生最后一个阶段，让我们彻底回家。

这种沉默，我们每一天都可以体会到。

我们一般以为——在睡觉的时候，头脑没有作用，最多只是在休息，暂时停止动作，而认为清醒的状态才是正常。然而，无梦的深睡，其实就是一种沉默。虽然我们不知道，但我们醒过来，会感觉到很舒畅、很休息。

这种无梦深睡的状态，和醒觉的不同只是我们自己不知道（醒觉过来，我们是清醒地知道）。不光我们在无梦深睡时，不知道自己在没有梦地深睡，每一天晚上做梦，也随时被梦带走。

虽然睡着和醒着，两个都有做梦的状态，但是我们一般只可能体会睡眠的梦。晚上做梦，我们醒来，可以清楚发现刚刚是梦，就好像什么都没有发生。我们知道这个梦是虚构的，也通常不会再追究，不会去多想，也不会有什么情绪。我们平常清醒的时候，反倒不知道这个世界一样是头脑的产物，一样是梦里的世界。

只有通过沉默，我们才会突然体会到，所有状态都一样，全部都是做梦的状态。而我们这一生全部想找的答案，都在沉默当中。它可以化出这个世界，可以把我们随时吞掉，把我们带回家。

我们仔细观察，全部修行的方法，包括参，包括臣服，走到最后，最多也只是把这个身心带到沉默的门户。例如，参，到最后，是没有答案的答案，也就是沉默。臣服到最后，只剩下什么？也只是沉默。

甚至，连持咒或重复默念“I Am.（我一在）”，到最后，自然会发现，不要说连咒语都念不出来，就连想念的动力都消失了。最后，也只剩下沉默。

我才会说沉默是最高的真实，是最深刻的法。

一个人要等到完全确实彻底醒过来，才会发现这一生相信是真实的东西，全部都是假的，突然体会到

“That which is real is no-thing. That which seems to be real is nothing.”唯一真实的，是没有东西，不是东西。过去认为是真的的一切，现在，反而竟然都是假的。

一个人到这里当然会发现自己被欺骗了，被谁欺骗？是被自己念头的世界欺骗了。这时，通常会大哭。知道这一生从出生到现在都被骗走，而且是彻彻底底被骗走。原来，全部过去的痛苦、烦恼、失落都不存在，都是头脑制造出来的。而自己过去都是在一种被催眠的状态，竟然会把头脑的产物当作唯一的真实。

怎么可能会被骗得那么明显？它的吸引力怎么会那么大，让我们完全不知道自己在做梦？

这个泪，会流不完。不仅是这一生的泪，还是为过去百千万次，一次又一次来的人生而哭。通过泪水，但愿让过去昏迷无明的业力，消失它自己。这种解脱的大哭，是发现——一个人怎么能那么彻底受骗，连梦的边都看不到，完全投入进去，还认为自己这一生真正想完成什么事情，成就什么东西，想成为什么人物。

体会到这一点，一个人最多是继续沉默，自然有舍离。再也不会被这个世界骗走。再也不会让世界吸引到自己，让自己过不去。

当然，也有人这一生很年轻，没有通过练习或任何修炼，不知不觉就醒过来了。他反而不是大哭，而是大笑。只是，人类有史以来，这样的人可以说是少之又少。这种醒觉，当然是过去不晓得多少辈子修行的成就。他的福德，超过人间所能想象。但是，对我们一般的情况来说，醒觉过来，还是会大哭。

无论如何，醒觉过来了，最后也只是剩下沉默。

35 非醒来不可

假如我们读到这里可以承认——一切，都是头脑的产物，我们也就会发现，无论怎样用语言表达任何道理，这种表达本身就不可能正确，还只是一种头脑的产物。

甚至，我们在“全部生命系列”中表达的观念，也一样受到逻辑的限制，本身也没有什么代表性。不仅如此，我们会发现，这一生到此为止，我们在人间所学到的任何东西，其实都不存在，甚至可能和事实都是颠倒的。

但是，讲它不存在或颠倒，这本身又加了一层分别。也许可以说好像存在，又好像不存在。好像存在，是因为我们的五官可以体会到这个世界所带来的变化，也就好像有。好像不存在，是因为它在一个很狭窄的相对的范围内运作，不要说站在整体，只要从这个小范围稍微跳脱出来一点，它本身又是不成比例的小，对整体没有什么代表性。然而，这个不成比例小的一点点，也就是我们来这一生可以学到的全部。

一个人自然也会明白，不光任何世界的东西、任何观念都是虚的，都是头脑的产物。甚至，任何期待，包括性的欲望、人和人之间的亲密，都不可能带来永久的快乐。最多也只是产生人间更多的欲望，继续延伸它自己。

到这里，自然什么期待都没有了。任何可以追求的念头，也已经消失。甚至，连醒觉的念头，也都没有了。这么一来，也就不知不觉醒过来了。就是没有醒过来，自己也无所谓，也不再重视。样样都不重视，反而接下来只有一条路可能走下去——醒觉的路。这个，可能是你我这一生含着的最大的悖论。

全部我们可以体验的，或者人类历史留下来的知识和观念，站在整体，没有任何一项会有什么代表性。甚至，我们最多可能讲是颠倒的。

人类的演化，并不总是连续的。我们认为演化是向外展开的，愈演变，愈发达。却没想过站在整体来看，人类的演化其实是愈演变，愈狭窄，分别愈重——把虚构的，变得愈来愈肯定，衍生出更多幻觉。

怎么说？不仅我们这个现实是虚拟的，我们通过人工智能和各种感官模拟的整合，还想在这个虚的现实里，进一步衍生出 2D、3D 甚至更多维度的虚拟实境。我们只要看看现在的小孩子（大人也一样）多么投入计算机或手机里的游戏，就可以理解到我这里所谈的人类未来的发展，是怎么样在虚构中衍生出更多的幻觉。

但是，总有一天，走到最后，通过人间的聪明，我们会突然明白——再怎么演变，一切还是头脑的产物。

那时候，我们突然从人间跳出来。跳到哪里？跳到一体。

这样一来，才会突然发现，我们过去认为“有”的东西，包括人类的历史，一生累积的物质或知识，全部都是虚构的。连演化，都是颠倒的。最终的演化阶段或方向，最多只是让我们回转到生命的根源。也就这样子，知识和智慧才可以结合。我们人类的发展，也才会告一个段落。

站在整体，没有剩下任何空间，可以允许别的体或真理存在。跟它比较，没有一样东西的重要性会成比例，或是足以称为究竟的真实。

这一点，才是真正最高的真实。让我们体会——这一生所学的，全部都不正确，都没有任何代表性。比较真实的，反而是我们这一生“学不到”的。真正正确的，反而是根本没办法表达的。只要还能用一句话去描述，我们已经又回到了一个狭窄的范围。最多只能一笑置之。用沉默，用自己的行为来表达这最深的领悟。

但是，连这么讲，也不可能正确。既然没办法表达，那么，跟行为、跟沉默不沉默、跟任何动作或不动作都不相关。又有什么东西可以表达它？

既然如此，一个人为什么不好好活下去？最多只是自在。随着生命来，该怎么做就去做。该走，就走。一个印记，一个轨迹，都不需要留下来。

一个人，最多也就是轻松活下这一生。在活的过程中，知道没有一个人在活，也没有一个人生可以活的，才说轻松活下这一生。

结语

我相信，假如我现在提出来对这些作品的期待，你也不会再惊讶了。

我期待的是——什么都没有。

什么都没有。

没有想通过这几本书完成什么，更不用讲还有一个“反复工程”好说的。

我过去用“反复工程”这个词，最多只是一个比喻。说到底，就像莎士比亚讲的“much ado about nothing”明明没有事，却生出了许多不必要的是非。

这些作品所谈的，对我本来都是理所当然的事实。只是到了这个年纪，我才大胆跳出来，把这些事实分享出来。然而，讲跳出来，也一点都不正确。从哪里跳或跳到哪里，本身都还是幻觉。我最多只能说，是通过这些作品，把我个人的一点点亲身体验做个分享。

我很有把握，有一天，这里所分享的，全部都会被科学完全验证。其实，严格讲，也老早已经验证了，只是缺乏一个全面的整合。怎么说？站在物理，尤其是量子物理角度，我在这里所谈的，全部都是理所当然，也老早被证明了。但是，因为还没有落到我们生活中，还好像是理论归理论，而我们在现实生活的体验又是另外一回事。

然而，我更有把握，这种理论上的验证，是我们每个人都可以做到的(假如我们愿意拿自己来做实验)。但是，值得注意的是，“全部生命系列”所谈的，其实比我们任何人想象的都更简单，倒不需要从人间取得根据。因为只要可以说出来的、指出来的，它本身又是一个头脑的产物,是二元对立,是一个虚构的信息。

不过，不用担心，通过科学全面的整合，来验证我们这里所谈的每一点，是早晚的事情。只是，我们这一生来实在是太宝贵了，倒不应该耗费在等待科学来整合。

另外一点值得注意的是，追求知识的朋友，反而更要记得，全部生命不是通过知识可以取来的。而是刚好相反，是要把所有的知识挪开，才可以让它浮出来。

别忘了，我们一般所称的理性，是站在意识来区隔或分别，本身还是在一个不成比例狭窄的范围取得的，并不足以代表生命的整体。

最后，我还是要做一个最诚恳、最坦白的提醒——你读到这里，倒不需要相信我所讲的任何一句话，而是完全可以拿自己的生命来做验证。你只要诚恳，而且愿意敞开心胸，我相信这里的每句话，你都可以亲自验证出来。

我知道，聪明和智慧是两个不同的轨道。人间的聪明，再怎么讲，是在局限而相对的范围。然而，要进入智慧，不是通过聪明。甚至，是刚刚好相反。

我过去才会说，一个人虽然很聪明，但站在整体，他不见得成熟。甚至，有时候要把人间的聪明挪开，他才准备好了。当然，有些朋友听到这些话，可能心里还会觉得不舒服。所以我这三十年来，宁愿选择沉默，而最多是不分享，来放过这个世界。

正因如此，我也不担心现代人不够成熟，而把这些书摆到一旁。这对我没有什么损失，我也不在意。但我充满信心，可能几十年后，乃至几百或几千年后，等大家成熟，读到这些话，也就可能突然有个很深层面的领悟，甚至是脱胎换骨的领悟。

可不可能有这种现象，谁晓得？我们也不用去推测。

过去的人，是头脑的产物。

现在的人，是头脑的产物。

未来的人，还是头脑的产物。

从一个假设性的真实，再做这些对未来的假设，本身一样还是头脑的产物。

在第14章，我已经带出来一个核心的理念“Everything is within you.”一切，是从你出发。一切的答案，都老早在心中等着你。没有一件事，不是从你心中延伸出来的。甚至，全部外在的世界，都还是从你心内流出来的。

在这里，我想更彻底来汇总这本书所想表达的——“Everything is consciousness.”一切，都是意识。

无论是什么，甚至这里所讲的虚拟的头脑的东西，都还只是意识。最多是反映一个意识谱，从相对，一路摆荡到绝对。

这么一来，没有一个东西、没有一个观念从真实的角度会比较有代表性。我们所认为的虚拟、虚构，其实站在整体，和真实一样有代表性，两者都是观念。

我才会不断地说，这一生虽然是虚构的，一个人还是可以好好欣赏它、享受它、完成它。我们知道没有一样东西可以说是比较真实或比较虚拟，知道这一点——没有一个东西值得变成问题，或者需要我们将它舍离，但是也没有一样东西需要我们特别肯定或特别重视。

在国外，我会跟朋友说"Enjoy the dream while it lasts."这个梦还存在，就享受它吧。但关键的是，我们再也不会被这个梦骗走。知道这一点，一个人不可能再有矛盾，而同时可以活泼起来、天真起来，把样样都看作是第一次发生、第一次体验。也就这样子，我们还住在这个人间，却老早跳出它，跳出一切。

你看，我用这个方式汇总，是不是和你所想的一样？还是对你而言，可能带出更多悖论？

杨定一博士 《全部生命系列》

天才科学家中的天才 | 中国台湾狂销排行 NO.1
奥运冠军心灵导师耗时 10 年大爱力作 | 彻底优化并改写无数人的命运轨迹

进阶生活智慧　活出人生真实　收获生命丰盛

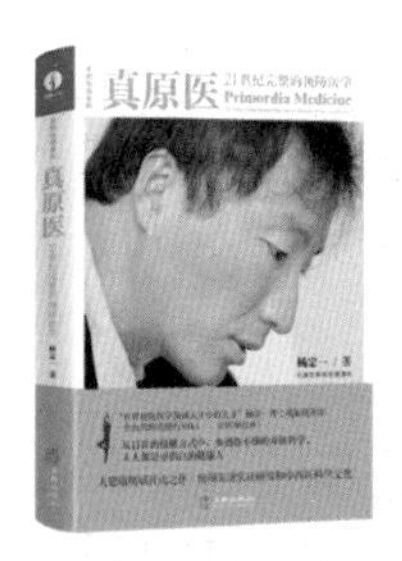

大健康领域开山之作
统领先进实证研究和
中西医科学文化

ISBN：978-7-5169-1512-7
定价：69.00 元

让自己静下来，
是这个时代的非凡能力

ISBN：978-7-5169-1947-7
定价：69.00 元

让睡个好觉
成为简单的事

ISBN：978-7-5169-1511-0
定价：75.00 元

步入生命的丰盛，
成功和幸福滚滚而来

ISBN：978-7-5169-2004-6
定价：65.00 元

从认知到意识，重新审视世界，
认识全新的自己

ISBN：978-7-5169-2005-3
定价：65.00 元

活出快乐，
其实比什么都简单

ISBN：978-7-5169-2006-0
定价：99.00 元

从时间的桎梏中突围而出，
实现更清醒自主的人生进化

ISBN：978-7-5169-2008-4
定价：69.00 元

如何让所有生命潜能
被彻底激活？

ISBN：978-7-5169-2007-7
定价：59.00 元

扫码购书

杨定一博士 《全部生命系列》

天才科学家中的天才 | 中国台湾狂销排行 NO.1
奥运冠军心灵导师耗时 10 年大爱力作 | 彻底优化并改写无数人的命运轨迹

进阶生活智慧　活出人生真实　收获生命丰盛

找回集体失去的记忆，
让失落的心重现爱与光明

ISBN：978-7-5169-2281-1
定 价：55.00 元

一切都是头脑的产物，
打破有限自我、实现无限可能

ISBN：978-7-5169-2268-2
定 价：69.00 元

穿越人生的错觉，
唤醒每个人本来就有的真实

ISBN：978-7-5169-2266-8
定 价：59.00 元

即将出版

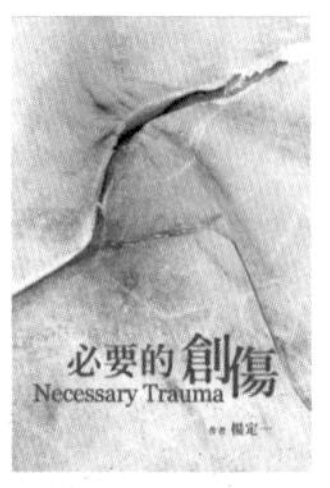

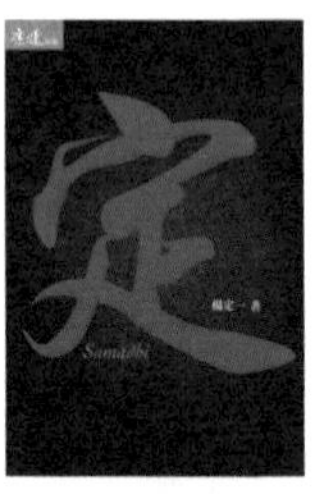

扫码购书